AF609518

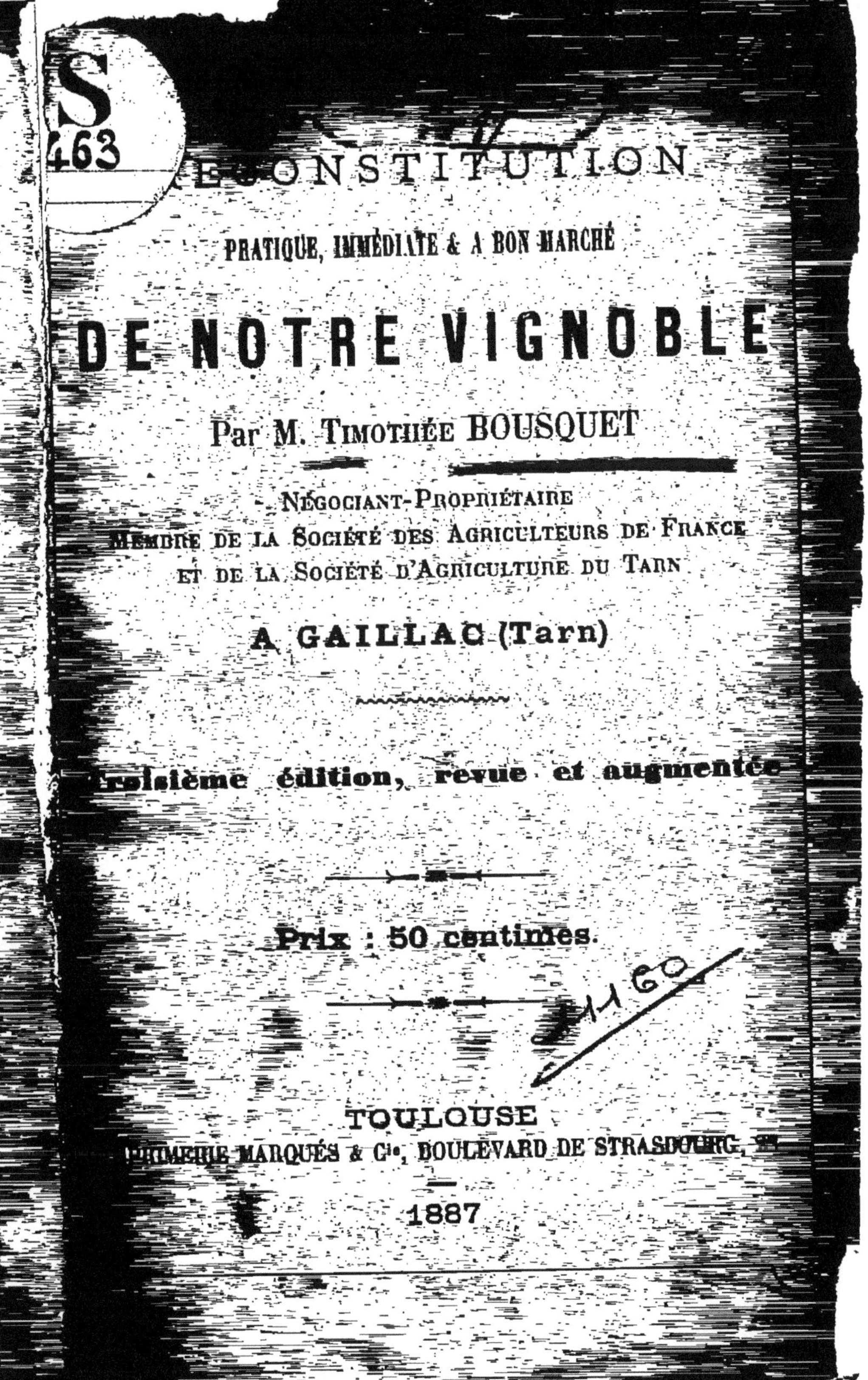

RECONSTITUTION

PRATIQUE, IMMÉDIATE & A BON MARCHÉ

DE NOTRE VIGNOBLE

Par M. TIMOTHÉE BOUSQUET

NÉGOCIANT-PROPRIÉTAIRE
MEMBRE DE LA SOCIÉTÉ DES AGRICULTEURS DE FRANCE
ET DE LA SOCIÉTÉ D'AGRICULTURE DU TARN

A GAILLAC (Tarn)

Troisième édition, revue et augmentée

Prix : 50 centimes.

TOULOUSE
IMPRIMERIE MARQUÉS & Cie, BOULEVARD DE STRASBOURG, [illegible]

1887

RECONSTITUTION

PRATIQUE, IMMÉDIATE & A BON MARCHÉ

DE NOTRE VIGNOBLE

Par M. TIMOTHÉE BOUSQUET

NÉGOCIANT-PROPRIÉTAIRE
MEMBRE DE LA SOCIÉTÉ DES AGRICULTEURS DE FRANCE
ET DE LA SOCIÉTÉ D'AGRICULTURE DU TARN

A GAILLAC (Tarn)

Troisième édition, revue et augmentée

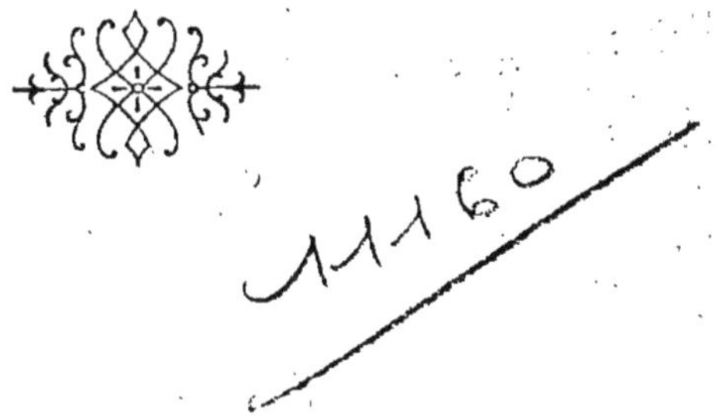

TOULOUSE
IMPRIMERIE MARQUÉS & Cie, BOULEVARD DE STRASBOURG, 22

1887

A MESSIEURS LES PROPRIÉTAIRES

MESSIEURS,

Si j'ai eu le courage de publier cette brochure, ce n'est que d'après des expériences sûres que j'ai faites sur mes propriétés.

Depuis sept ans que le phylloxéra a envahi notre département, j'ai travaillé à le détruire pendant trois années consécutives. J'ai employé tous les insecticides connus : le sulfure de carbone, le sulfocarbonate de potassium, le phénol, les huiles grasses, le goudron. Rien n'a sauvé ces pauvres vignes.

Voyant ces insuccès, j'ai recouru depuis 4 ans aux plants américains, que je cultive avec succès.

Possédant deux propriétés très distinctes, j'ai pu me rendre facilement compte des natures de plants qui se faisaient bien dans telle ou telle autre terre.

J'ai une propriété sur les coteaux qui se compose d'argile grasse sur une grande partie et d'argile calcaire sur l'autre.

La seconde propriété se trouve au fond de la plaine, sur les bords du Tarn. Elle se compose de trois natures de terrains très distinctes : 1° alluvion pure ; 2° alluvion silicieuse ; 3° argilo-siliceuse. J'en ai même une petite partie qui est caillouteuse. Possédant donc presque toutes les natures de terrain, je suis sûr de ce que j'avance dans ce petit ouvrage.

Ayant déjà obtenu pour mes expériences deux médailles et une prime pour mes greffes, je m'engage à enseigner gratuitement les manières les plus pratiques du greffage. Je me rendrai sur les terrains et opèrerai sur place.

Je remercie tous ces Messieurs qui, m'honorant de leur confiance, sont déjà venus en grand nombre prendre de ces plants pour suivre mes traces. Ils en retireront un grand fruit, j'en suis certain.

J'engagerai les propriétaires hésitants à ne pas attendre trop longtemps, car c'est le bonheur et la fortune de notre pays qui se présentent à nous. La réussite est sûre, vu que les preuves existent dans cette grande zone qu'on appelle le Midi.

Nous sommes très heureux d'avoir trouvé la voie frayée. De 1855 à 1860, alors que notre pauvre vignoble était presque aussi triste qu'aujourd'hui, le Midi nous a dit : soufrez et votre mal sera guéri; *nous l'avons fait avec grande hésitation et pourtant on nous avait dit vrai, attendu que nos vignes ont été sauvées par le soufre.*

Il en sera de même pour les vignes américaines. Le Midi nous dit : plantez tel ou tel cépage, *vous êtes sûr de réussir. Ils ne nous ont pas trompés la première fois ; ils ont tout intérêt à ne pas nous tromper désormais.*

Cette fois-ci, nous sommes trop voisins pour ne pas être au courant des merveilles vinicoles qui s'opèrent presque sous nos yeux dans leur beau pays.

A l'œuvre donc sans hésitation devant de pareilles preuves !

*Permettez que je vous dise que chaque nature de plants possède trois à quatre variétés. Le Ri*paria *en possède quarante et tous les plants à production directe en possèdent deux et même trois. On ne peut acheter ces plants que de confiance, c'est-à-dire à ceux qui les ont étudiés depuis longtemps. Ceux-là seuls qui ont tout intérêt à ce que vous réussissiez peuvent vous donner le plant qui conviendrait à la nature du terrain que vous voulez planter.*

Thimothée Bousquet.

RECONSTITUTION

DE NOTRE VIGNOBLE

Plusieurs propriétaires hésitent à refaire leurs vignes, craignant la dépense.

D'autres feraient la dépense, mais ils voudraient être sûrs de réussir.

A ces deux questions, je réponds :

Vous pouvez sans crainte arracher vos vignes phylloxérées. Si vous ne voulez pas faire des frais trop élevés, vous trouverez facilement des personnes qui, moyennant une somme de 50 francs par hectare, y compris les souches, vous rendront les terres prêtes à planter.

Attendu qu'il faut 3,000 pieds de plants américains à l'hectare, coûtant 1 fr. 50 le cent, ce qui fait 45 francs, plus pour frais de plantation dix journées à 2 francs, soit 20 francs, l'ensemble de tous frais sera de 115 francs par hectare ou environ 9 francs la mesure. Quant à la réussite, elle est assurée par la précocité des plants américains à production directe et par la facilité des greffages sur les plants *Riparias* et *Solonis*. Ces deux dernières natures de plants ne souffrent jamais du phylloxéra. Greffés au bout de trois ans, la quatrième année ces greffes produisent autant qu'un de nos cépages de 10 ans.

Nous connaissons cinq natures de plants américains pour refaire avantageusement notre vignoble, savoir : trois à production directe, qui sont le *Jacquez*, l'*Othello* et l'*Herbemont;* les deux autres sont seulement des porte-greffes qu'on appelle *Riparia* et *Solonis.*

DÉTAIL :

Le *Jacquez* est un des plus anciens plants américains importés en France ; il produit en moyenne de 40 à 60 hectolitres à l'hectare, selon le terrain et le soin ; son vin est d'une belle couleur et franc de goût ; il fera chez nous 10 à 12 degrés. Le commerce le recherche pour coupage. Ce vin a été payé cette année jusqu'à 65 francs l'hectolitre.

L'*Othello,* connu seulement depuis 7 à 8 ans, produit autant que le *Jacquez*. Le goût n'est pas aussi franc, il a un peu moins d'alcool : on le dit un peu sensible au phylloxéra, mais il reprend facilement de bouture.

L'*Herbemont*, importé en France depuis 10 ans, produit un vin très fin de goût ; sa couleur est moins foncée que celle du *Jacquez*. Il fait en moyenne de 8 à 10 degrés; c'est un très bon vin de table. Ce cépage reprend difficilement de bouture.

Le *Riparia* est un plant des plus résistants au phylloxéra et le meilleur porte-greffe ; il se plaît dans toutes les terres, sauf dans les argiles grasses et les terres fortes ; le trop d'humidité le dérange ; ce qu'il a de bon pour lui, c'est qu'il prend très facilement de bouture.

Le *Solonis* ne diffère pas beaucoup du précédent cépage, soit comme porte-greffe, soit comme fertilité ; il se plaît principalement dans les natures de terre que redoute le *Riparia*, c'est-à-dire les argiles grasses et terres fortes. Ce plant se fera très bien dans nos coteaux.

Ces deux dernières natures de plants n'ont encore jamais souffert du phylloxéra. En les greffant au bout de trois ans, ils produisent pleine récolte la quatrième année.

Nous avons quatre natures de plants français pour greffer sur les deux derniers, ce sont :

L'*Alicante-Bouschet*, le *Petit-Bouschet*, le *Braucol* et le *Valdiguier*.

Les greffes d'*Alicante-Bouschet* produisent de 50 à 70 hectolitres à l'hectare. Le vin est d'une couleur très rouge foncé et d'un très bon goût ; il fait en moyenne de 9 à 10 degrés.

Le *Petit-Bouschet* produit autant que l'*Alicante*, aussi bon et aussi beau, mais un peu moins alcoolique. Ces deux natures sont très précoces et mûrissent quinze jours avant les nôtres.

Le *Braucol*, originaire de notre pays, se greffe très bien sur les plants américains ; il peut produire de 30 à 40 hectolitres à l'hectare. Ce vin fait en moyenne 10 à 11 degrés. Il est utile qu'il s'en greffe un peu pour donner le vrai bouquet de Gaillac au vin que produisent les autres cépages.

Le *Valdiguier*, plant nouvellement connu dans notre vignoble, est très productif. Son vin est exquis ; il fait 9 à 10 degrés. Sa couleur est irréprochable et peut produire autant que les trois précédents.

On connaît encore beaucoup d'autres cépages de plants américains à production directe qui ont donné des résultats très satisfaisants. Voici les noms de ces différents plants :

Allens, Blach défiance, Brant, Canada Huntingdon, Sécrétary, Sénasqua.

L'Allens produit cinquante hectolitres à l'hectare. Son vin est franc de goût et d'une belle couleur ; il fait de 10 à 11 degrés et mûrira chez nous du premier au quinze septembre ; il mérite d'être multiplié à cause de sa grande fertilité.

Le *Black défiance* est le cépage le plus fertile connu jusqu'à ce jour ; il produit de 80 à 100 hectolitres par hectare ; son vin est de bon goût, très belle couleur, et fait de 10 à 12 degrés. Il mûrira chez nous comme l'*Allens*.

Le *Brant*, très riche en couleur, produit de 40 à 60 hectolitres à l'hectare. Son vin est très franc de goût et fait de 12 à 13 degrés. Il mûrira du premier septembre au dix du même mois.

Le *Canada* a sous tous les rapports le plus d'analogie avec les vignes françaises par son aspect et sa végétation à feuilles dentelées. Son vin est d'une saveur très agréable et son rendement équivaut à celui du *Jacquez*. Le *Canada* sera une précieuse acquisition pour notre vignoble, d'autant plus qu'il mûrit de très bonne heure.

L'*Huntingdon*, le plus précoce des producteurs directs, se vendangera chez nous fin août. Son vin est franc de goût et très coloré ; il a produit cette année jusqu'à 70 hectolitres à l'hectare.

Le *Sécrétary*, à cause de sa vigueur, de sa fertilité, de sa précocité et de sa qualité, pourra prendre certainement une des meilleures places dans notre vignoble, si on peut justifier sa résistance au phylloxéra. Il prospère même dans les sols les plus argileux. Grâce à son goût très franc, il donne un vin excellent ; il est tellement fertile que les faux bourgeons qui poussent sur vieux bois se couvrent de raisins. Son rendement a été de 100 hectolitres à l'hectare.

Le *Sénasqua* produit un gros grain noir ; il est plus fertile et plus franc de goût que l'*Othello*. Très apprécié comme producteur direct par les viticulteurs du Rhône, il a l'avantage de débourrer plus tard que nos vignes. Par ces motifs, il se trouve à l'abri des gelées du printemps. Sa production est de 50 à 70 hectolitres à l'hectare, et mûrira chez nous du dix au vingt septembre.

Nous connaissons aussi d'autres cépages tout à fait nouveaux, de provenance *Bouschet*, qui ne peuvent servir que comme greffes, mais nous n'avons pu encore faire l'expérience de ces hybrides à cause de leurs prix trop élevés. Voici les noms et les prix de ces cépages :

L'*Aramon Teinturier-Bouschet*, qui se vend 1 fr. 50 la bouture ou 125 fr. le cent.

L'*Alicante-Henri-Bouschet*, qui se vend 1 fr. la bouture ou 85 fr. le cent.

Le *Carignane-Bouschet* se vend 1 fr. la bouture ou 80 fr. le cent.

Le *Morastel-Bouschet* se vend 15 fr. le cent.

Ces quatre natures de cépages donnent des vins supérieurs en couleur et en alcool à ceux que donnent l'*Alicante* et le *Petit-Bouschet*. Leur rendement est en moyenne de 80 à 100 hectolitres par hectare, et les raisins mûrissent du 1er au 15 septembre.

Nous possédons encore comme porte-greffes : le *Rupestris*, le *Vialla* et l'*York-Madeira*.

Le *Rupestris*, qui signifie robuste, se fait dans les terrains secs et caillouteux. Porte-greffe par excellence il n'est jamais pris par le phylloxéra ; son tronc grossit plus vite que celui de la plupart des vignes américaines. On peut y greffer au bout de trois ans le *Mauzac blanc* et le *Négret*, qui se font très bien sur ce plant.

Le *Vialla* se plaît dans tous les terrains, sauf dans les terrains calcaires secs. C'est le cépage qui réussit le mieux la greffe-bouture ; il doit être pris comme un des premiers par ordre de mérite, car, greffé sur table, il donne jusqu'à 80 pour cent de réussite.

L'*York-Madeira*, comme le *Rupestris*, se fait dans les terrains secs et caillouteux ; il est un peu plus long à se développer, mais il possède ce grand avantage qu'une fois greffé, son pied grossit toujours dans les mêmes proportions que sa greffe. C'est ce qui évite au bourrelet de se former.

Rendement du Jacquez.

Un propriétaire du Gard a récolté cette année sur un hectare de vigne *Jacquez* de six ans, 53 hectolitres de vin, pesant 14 degrés. Ce vin a été vendu 62 fr. l'hectolitre, soit .... 3.286 fr.

Avec cette vendange, il a fait 8 hectolitres de piquette, pesant 6 degrés 1/2, qu'il a vendue 20 fr. l'hectolitre, soit... 160 fr.

TOTAL................ 3.446 fr.

Cette vigne coûte annuellement pour travaux ou fumure, 400 fr.

Le coût de cette vigne ayant été de 9.000 fr. l'hectare, le revenu est donc de 34 pour cent.

En admettant que dans notre vignoble ce plant ne nous rapporte que la moitié, nous aurons toujours un revenu de 15 à 20 pour cent. Je crois être sûr, sauf évènement, que nous approcherons les résultats du Midi en plantant le *Jacquez* dans les bons terrains.

Dans le Japon, on possède un cépage nommé *Japon tri-fructifère* qui donne des fruits trois fois par an. Ce plant mis en espalier chaud pourra mûrir chez nous ses seconds raisins et même ses troisièmes, selon son exposé. Ses raisins sont énormes et de bon goût. Les boutures se vendent 50 fr. le cent.

Nous serions trop heureux si nous pouvions les réussir chez nous. On nous affirme que M. Champin, du Midi, a parfaitement réussi les deux premières récoltes et que la troisième est arrivée jusqu'à la véraison.

Il y a beaucoup d'autres cépages de plants américains sur lesquels on ne peut pas encore se prononcer, leur découverte étant toute récente.

Epoque et avantage des plantations hâtives et tardives.

Pour bien réussir les plantations, il faut planter les

racinés en novembre et décembre. Quant aux boutures, il faut les planter en février au plus tard.

On a un grand avantage à planter les plants racinés aux époques ci-dessus mentionnées, parce qu'à ce moment la sève se trouvant concentrée, il ne peut pas s'en perdre une seule goutte.

Les pluies d'hiver tassant les terres font que les chaleurs ne pénètrent pas si facilement dans le sous-sol, et, quand le printemps arrive, les racinés ont déjà pris leurs cours. La sève se met en mouvement comme sur un vieux pied. La végétation ne subissant aucun retard, ses pousses sont aussi régulières que les plants du même âge non arrachés.

Il en est de même pour les boutures. En les plantant en novembre et décembre si l'on peut, ou en février au plus tard, on est sûr d'avoir 80 à 90 pour cent de réussite. L'écorce a le temps de se dilater pour laisser libre passage aux racines, et quand l'époque de la pousse arrive, la bouture possède assez de sève pour nourrir le bourgeon et pour lui donner assez de résistance. Aux rayons du soleil de juin, par ce fait, la végétation suit régulièrement son cours.

Inconvénient des plantations tardives.

En plantant les racinés en mars et avril, on a bien moins de réussite et bien moins de vigueur. Voici pourquoi :

En arrachant ces racinés, la sève se trouvant en grand mouvement, une grande partie se perd par les cassures des racines ; la terre que vous mettez dessus n'a pas le temps de se tasser et la chaleur vient fouiller le sous-sol et empêche les nouvelles racines de se procurer la sève nécessaire pour venir en aide au développement de ses tiges, qui ne poussent régulièrement qu'au mois de juillet et août ; par conséquent, on perd six mois en plantant les racinés tardivement.

Même inconvénient pour les boutures. Si vous plantez les boutures en avril et mai, la fraîcheur de la terre et la douceur du temps font éclore les bourgeons sans qu'aucune racine n'ait encore poussé ; aussi, les premiers coups de soleil de juin vous grillent les jeunes pousses, et souvent certains pieds ne repoussent plus faute de n'avoir pas de contre-bourgeon. Si toutefois quelques pieds repoussent, ce n'est qu'en août, et alors les trois quarts de ces bois ne mûrissent pas.

Mode de plantation.

Pour les plants racinés, il faut pratiquer un trou de trente centimètres de profondeur sur quarante en carré ; il faut que la terre de dessous soit fraîchement remuée pour faciliter le prolongement des racines.

Posez le pied comme une patte d'asperge, en évitant de couper les racines, couvrez-les d'une couche de terre fine de dix centimètres pas trop mouillée, tassez cette terre avec un petit maillet en bois ou avec les pieds.

Si on veut venir en aide à la végétation, on peut mettre une légère couche de fumier de six centimètres et recouvrir ensuite le restant en tassant à nouveau.

Si on craint les gelées de printemps, il suffit de butter la terre contre la tige, afin de mettre le bourgeon à l'abri de l'air. Sitôt que les craintes ont disparu, déchaussez, et le bourgeon part sans avoir rien souffert.

Quant aux boutures, la plantation se fait d'une autre manière. Il faut pour bien réussir faire transformer nos avant-pals, les faire demi-plats à quatre centimètres sur deux et faire mettre le fond à queue d'hirondelle bien affilé. En voici le motif :

Quand l'avant-pal se trouve enfoncé à la profondeur

voulue, vous ne faites que le tourner deux fois, et immédiatement le trou se trouve aussi grand du fond que du bout et fournit un peu de terre meuble au fond pour faciliter le développement des racines.

Avec les anciens avant-pals, le trou se trouvait tout à fait réduit au fond et la racine ne pouvait pas se développer, trouvant de tout côté de la terre résistante pressée par l'avant-pal, ce qui causait souvent beaucoup de manquants.

On a beaucoup plus d'avantage à planter des racinés que des boutures, car, en plantant raciné, on gagne un an et on est sûr que la vigne est régulière, vu qu'il n'y a presque pas de manquants, et je suppose bien que l'année de récolte que l'on gagne dédommage avantageusement des frais que l'on fait en plus.

Dans tout autre cas, plantez la bouture en pépinière pour faire du raciné destiné à l'année suivante.

Pour bien réussir les boutures, il faut pratiquer un trou de 8 à 10 centimètres de diamètre, le garnir de vase et le bourrer à la main avec un pal en bois. A défaut de vase, faire avec moitié sable et moitié cendres.

Il faut, en outre, enlever l'écorce du fond des ceps jusqu'à 8 à 10 centimètres sans toucher au bourgeon, pour le *Jacquez* surtout. Il est même utile d'écraser le dernier nœud avec un maillet en bois.

Manière pratique de conserver les boutures et racinés

Il arrive très souvent que le temps empêche de planter les boutures aux époques voulues. Pour que ces plants ne souffrent pas, il faut les mettre dans la terre ou sous sable, le tout bien recouvert.

Pour les mettre sous terre, il faut pratiquer une

fosse de la longueur de la bouture et de 40 à 50 centimètres de profondeur ; on place ces plants horizontalement c'est-à-dire couchés sans être en paquets, il ne faut pas que la couche dépasse huit à dix centimètres d'épaisseur ; on recouvre chaque partie avec autre 7 à 8 centimètres de terre bien fine pour qu'elle puisse bien pénétrer entre le plant. On peut faire deux couches dans chaque fossé et recouvrir les extrémités avec le restant de la terre que l'on a sortie en ayant soin d'y piétiner dessus pour tasser les terres, afin de ne pas laisser pénétrer l'air dans la fosse.

Pour les conserver sous sable, il faut les établir de la même manière que dans la terre : les mettre par couches et les tenir dans un endroit obscur, si c'est possible, et que la dernière couche de sable soit au moins de dix centimètres ; on peut de temps en temps passer un peu d'eau pour empêcher le sable de glisser. Ce sable ne doit être que demi-sec, c'est-à-dire ne contenant que dix à quinze pour cent d'eau.

Conservation des plants racinés

Pour conserver les plants racinés en bon état, il faut les placer dans une fosse comme pour les boutures, avec la différence qu'il faut les mettre verticalement, c'est-à-dire droits, et les couvrir ensuite avec du sable sec pour qu'il pénètre facilement dans toutes les racines en ayant soin d'arroser à fur et à mesure que l'on y met le sable pour que le tassement soit complet ; il est indispensable de les couvrir jusqu'à la naissance de la pousse et avoir soin de tenir le sable toujours frais au moyen de fréquents arrosages.

En agissant ainsi, on peut conserver les plants racinés deux et trois mois sans qu'ils aient perdu leur moindre partie de fraîcheur. Quand on place ces racinés, il faut supprimer toutes les racines qui ont pris mal, cela ne nuit en rien à celles qui restent.

Moyen pratique pour la réussite des boutures difficiles à la reprise par la stractification artificielle

Pour bien réussir la stractification de ces plants, il faut pratiquer une fosse de 70 centimètres de profondeur sous un hangar ou dans une cave toujours à l'abri des courants d'air, placer les boutures avec le fond tourné en haut et les mettre droites appuyées les unes aux autres, mettre du sable sec sur ces boutures et le faire descendre au moyen de l'eau qu'on y verse dessus comme pour les plants racinés à seule fin qu'il ne reste aucun vide entr'elles. Une fois complètement garnies on met une couche de sable de 10 à 15 centimètres. Ce sable doit contenir 20 à 25 pour cent d'eau. On place sur ce sable une couche de fumier de 50 à 80 centimètres sortant de l'écurie, bien pourri.

On laisse cela pendant 40 à 60 jours au plus, on doit les mettre en février pour pouvoir les planter fin mars ou dans les premiers jours d'avril.

En sortant ces plants de dans cette fosse, tous ont poussé de petites racines de 2 à 5 et 7 centimètres, il faut avoir la précaution de les mettre complètement à l'abri de l'air et surtout du soleil, car la moindre des choses les fait périr ; il faut, pour cela, les placer dans un panier profond recouverts d'une mousse imbibée d'eau et ne les sortir qu'au fur et à mesure que l'on peut les planter ; on peut couvrir ces jeunes et tendres racines avec de la vase bien tamisée et recouvrir tout le reste de la bouture avec de la terre bien fine jusqu'au dernier bourgeon. Cette manière est très coûteuse, mais réussit bien.

Si on veut presser un peu plus la pousse des racines,

2

il suffit de mettre une couche de fumier de 25 à 30 centimètres au fond de la fosse, la recouvrir de 10 centimètres de sable et placer les boutures sur ce sable de la même manière que je vous l'ai expliqué plus haut.

Stractification naturelle.

Il suffit de mettre dans de l'eau courante les plants boutures 15 jours si c'est en avril, 20 à 25 jours si c'est en mars, et un mois en février; elles doivent être 15 à 20 centimètres dans l'eau; si toutefois on n'avait pas d'eau courante, il faut que les plants restent 8 à 10 jours de plus dans l'eau stagnante et changer cette eau tous les 4 ou 5 jours, car l'eau stagnante se corrompt facilement et, au lieu de pousser à la végétation, pourrit le bois qu'elle touche; il est utile d'enlever l'écorce à tous ces plants au fur et à mesure qu'on les sort de l'eau et avoir soin de les planter à proportion qu'ils sont préparés.

Pour les Jacquez, Herbemonts, Cynthiana, il faut même écraser légèrement le nœud du fond.

Manière de planter les plants greffés soudés et les soins à y apporter.

Pour bien réussir la plantation des plants greffés soudés, il faut que le terrain soit bien défoncé et la terre bien ameublie, c'est-à-dire bien fine, faire des trous de 50 centimètres en carré et 40 de profondeur, placer les plants greffés au beau milieu de ces trous, en ayant soin de bien écarter les racines après avoir coupé toutes celles qui ont été meurtries soit par l'arrachage ou dans le voyage; placés de la sorte, on couvre les racines de 8 à 10 centimètres de terre bien fine ou de la vase, mettre dessus une couche de fumier ou d'engrais quelconque tout le tour du trou sans qu'il touche au pied; on couvre le restant avec de la terre aussi meuble que possible et couvrir le pied jusqu'à 10 centimètres au-dessus de la soudure; il ne faut enlever cette butte que quand la pousse aura atteint 80 centimètres à 1 mètre de longueur. Il est indispensable de mettre un tuteur à chaque pied pour protéger ces jeunes pousses et soulager la soudure au fur et à mesure que la pousse grandit, on l'attache à l'échalas. Si la pousse est un peu mince, on doit la pincer quand elle a atteint 30 à 35 centimètres de longueur. Par ce moyen, cette pousse grossit davantage et forme même, à la base, deux ou trois coursons.

Il est même très utile de butter la seconde année. Inutile de dire qu'il faut couper les rejettons qui poussent du porte-greffe.

Manière d'obtenir facilement et promptement des racinés.

Il y a deux manières : la pépinière et le marcottage; la première consiste à planter des boutures dans un terrain bien défoncé; on peut les planter à l'avant-pal ou à fossés, on les plante de 5 à 10 centimètres de distance; et, pour le marcottage, on les plante différemment.

On peut obtenir des plants racinés la même année de la pousse du cep; il suffit de le coucher quand il a obtenu une longueur de 1 m. 50 à 2 mètres, à une profondeur de 7 à 8 centimètres et le recouvrir de terre très fine, on obtient autant de plants racinés qu'il y a de bourgeons enterrés. Pour leur donner un peu plus de vigueur, il faut supprimer tous les bourgeons qui sont au dehors, à partir de la souche jusque dans la terre, et on laisse sortir l'extrémité du cep environ

8 à 10 centimètres, en y laissant un ou deux yeux. Cette extrémité peut encore produire quelques boutures.

On peut faire deux marcottages à chaque pied et on peut obtenir, par ce moyen, 20 à 25 racinés à chacun, tout en réservant à la souche plusieurs boutures.

Mode de plantation.

Le plant américain demande à être planté très distancé, à cause de son grand développement. Je crois qu'il est utile de le mettre à 1 mètre 75 centimètres en carré ou 8 pans dans les bons terrains. Dans les terrains de deuxième ordre, les planter à 2 mètres. Dans les terrains très ordinaires, il faut planter à 2 mètres 50 sur 2 mètres, car, plus le terrain est pauvre, plus les racines ont besoin de s'étendre pour trouver leur nourriture. On obtiendra un plus fort rendement en plantant espacé qu'en plantant trop serré. Plus le pied est vigoureux, plus le fruit est gros.

Comme on n'est pas encore sûr de la durée des greffes sur plant américain, je propose de planter moitié plant direct, moitié porte-greffe, ayant soin de mettre une rangée de l'un et une rangée de l'autre, parce que si, dans un temps plus ou moins long, les greffes, par leur grande production, venaient à s'épuiser, on ne ferait que coucher la rangée de plant direct pour renouveler les greffes mortes, ce qui remplacerait avantageusement les pieds manquants pour produire la même année. Par ce moyen, on aura toujours une vigne régulière.

Si vous voulez avoir une vigne de longue durée et régulière, plantez une rangée de portes-greffes et une rangée de *Jacquez*. C'est le plant qui a témoigné le plus de résistance jusqu'à ce jour.

Natures de sol.

Nous avons quatre natures de sol.

Les alluvions pures qui bordent les rivières sont les terrains les plus riches, et tous les plants s'y plaisent beaucoup.

Notre plaine se compose en partie d'alluvions siliceuses et argilo-siliceuses. On peut aussi planter sur ce sol toutes les natures américaines, lesquelles y viendront bien.

Il n'en est pas de même pour nos coteaux, qui se composent en partie de deux natures de sol : l'argilo-calcaire et le calcaire pur. Dans les premiers, vous pourrez mettre pour vigne rouge du *Jacquez* et pour porte-greffe du *Solonis*. Ces deux cépages se font très bien dans ces terrains.

Dans le calcaire pur, il faut du *York-Madeyra*, du *Rupestris* et du *Solonis*. Ces trois cépages peuvent très bien réussir dans cette terre.

Quant à la plaine de l'autre côté de rivière on peut y cultiver avantageusement le *Riparia* en grande partie comme porte-greffe et quelques *Jacquez* dans les bons fonds bien exposés.

Il se trouve quelque partie de cette plaine où le sous-sol est très compacte à une profondeur de 20 à 25 centimètres. Il est indispensable pour celui-là de le défoncer à une profondeur de 50 centimètres pour faciliter le développement des racines, et surtout pour le dégagement des eaux.

Les coteaux se trouvent en partie caillouteux secs. Il est de toute utilité, pour bien réussir, de planter le *Rupestris* et l'*Yorck-Madeira* et de bourrer les trous avec de la vase, du sable ou de la terre fine.

Prix de revient d'un hectare planté en boutures RIPARIA ou JACQUEZ.

Première année.

En estimant un hectare de vigne au prix de 5,000 francs, l'intérêt d'un an à 5 0/0 est de.	250 fr.
Dans le Tarn, nous mettons généralement 3,000 boutures à l'hectare, soit, 20 fr.	60
Défoncement	400
Plantation	40
Entretien	60

Deuxième année.

Intérêt d'un an.	250
La reprise moyenne des boutures en place étant, une année dans l'autre, de 65 pour cent, il reste 35 pour cent de plants non repris qu'il faut remplacer et se procurer à 8 fr. le cent, soit 1.050 plants racinés . . .	84
Plantation de ces plants et entretion de la vigne.	65

Troisième année

Intérêt d'un an.	250
Greffage sur place de 3.000 plants, fournitures, main-d'œuvre et tout compris pour l'opération	135
A reporter. . . .	1,594 fr.

Report. . . .	1,594 fr.	
Entretien des greffes, labours et autres soins	70	
Quatrième année		
Intérêt d'un an.	250	
Regreffage de 40 pour cent de plants non repris en supposant une réussite de 60 pour cent, soit 1.200 plants à regreffer, à 40 fr. le mille . . .	56	
En supposant une récolte de 100 hectolitres à l'hectare, ces 1.800 pieds repris produiront 70 hectolitres de vin à 30 fr. . .		2.100 fr.
TOTAL	1.970 fr.	
A déduire comme recette . .	2.100 fr.	
Bénéfice réel existant à la quatrième année.	130 fr.	

La comparaison d'une plantation étant la même, qu'elle soit faite en *Jacquez* ou en *Riparia*, on peut s'en rapporter au calcul ci-dessus. Seulement, il est avantageux dans ce genre de plantation de ne pas regreffer les pieds de *Jacquez* manqués, car ce cépage n'aimant pas à être mutilé, c'est-à-dire décapité deux années de suite, il vaut mieux le laisser produire directement.

Prix de revient d'un hectare en JACQUEZ racinés.

Première année.

L'hectare de terrain valant 5.000 fr., l'intérêt d'un

	Dépenses	Recettes
an à cinq pour cent est de . . .	250	
Achats de 3.000 plants racinés, à 80 fr. le mille	240 fr.	
Défoncement	400	
Plantation	40	
Entretien.	60	
Deuxième année.		
Intérêt d'un an	250	
Entretien, labours et autres soins.	70	
Troisième année.		
Intérêt d'un an	250	
Entretien, labours et autres soins.	70	
Demi-récolte de vin obtenue sur les 3.000 pieds, soit 30 hectolitres en supposant 70 hectolitres (le *Jacquez* ne rendant pas de jus autant que nos vignes françaises), 35 hectolitres à 50 fr.		1.500 fr.
Quatrième année.		
Intérêt d'un an	250	
Entretien et labours	70	
Récolte entière sur les 3.000 pieds, soit 50 hectolitres à 45 fr.		2.250 »
TOTAUX.	1.950 fr.	3.750 fr.

Bénéfice	3.750
Dépenses.	1.950
Bénéfice net existant à la quatrième année	1.800

Je ne crois pas exagérer dans mes chiffres. C'est d'après ce que j'ai fait sur ma propriété que je me base, et nous avons tout avantage à cultiver le *Jacquez* soit comme production directe, soit comme porte-greffe, car les vignes en vieillissant se développeront davantage en végétation et en fructification, et nous aurons donc un produit supérieur à celui des premières années, moyennant les frais d'entretien que je viens d'énoncer.

Plusieurs personnes planteraient si on pouvait leur assurer une longue durée. Je ferai observer que j'ai vu moi-même des vignes qui ont déjà quinze ans et qui se trouvent en très bon état; il est permis de croire qu'elles vivront encore quelques années de plus, peut-être même autant que nos vignes; mais, en admettant qu'elles ne vivraient que vingt ans, puisqu'à cinq ans ces vignes ont déjà couvert tous les frais, il nous resterait donc quinze ans à récolter.

Admettons même que sur ces quinze ans on perdît trois récoltes, soit à cause de grêle ou de froid, il nous resterait encore douze récoltes qui, à 70 hectolitres à l'hectare par an, à raison de 30 fr. l'hectolitre, égalent 2,100 fr.

Et les douze récoltes réunies nous donneraient donc 25,200 fr., soit cinq fois la valeur d'un hectare de terrain.

Vu l'avantage que donnera la reconstitution de notre vignoble, il est permis de croire que beaucoup de ces propriétaires hésitants se décideront à augmenter leur capital.

Greffes.

Le mot greffe à lui seul embrasse une grande étendue que l'on divise en deux catégories : la greffe sur table et la greffe sur place.

Depuis que les plants américains sont connus, divers

systèmes de greffage ont été essayés. Les principales greffes appliquées à la vigne sont : la greffe ancienne à fente simple ; la greffe à fente pleine ; la greffe anglaise; la greffe à triple languette ; la greffe à talon ; la greffe par approche.

Sur ces six systèmes de greffe, celles que l'on pratique le plus sont la greffe à fente simple et la greffe anglaise.

La première de ces deux est celle qui se pratique le plus sur les plants déjà destinés à rester en place, c'est-à-dire sur les vignes déjà formées.

Ces greffes, faites sur des plants de 3e et de 4e feuille, donnent d'habitude 80 à 95 pour cent de réussite ; elles sont les plus pratiques et les plus faciles à appliquer.

On s'en sert aussi pour faire les greffes-boutures, c'est-à-dire les greffes sur table, dont les résultats ont été jusqu'ici assez satisfaisants.

Après m'être bien rendu compte de la réussite des greffes que j'ai faites sur mes propriétés depuis trois ans de trois manières différentes : la greffe anglaise, la greffe en fente simple et la greffe en fente pleine.

Celle qui a le mieux réussi, c'est la greffe en fente pleine ; elle ne réussit pas mieux que les autres comme nombre, mais la soudure se fait mieux et possède beaucoup plus de solidité à cause de l'affinité complète qu'il y a entre le porte-greffe et le greffon.

La greffe anglaise est beaucoup plus longue à faire et pour si peu que les coupes ne soient pas égales en tout sens, la soudure ne se complète pas et la partie non soudée finit par pourrir; la souche alors ne prenant vie que de la moitié de sa tige ne peut nourrir qu'imparfaitement le greffon, et celui-ci devient anémique et ne produit presque pas.

Il en est de même de la greffe en fente simple, il faut

que le greffon soit bien taillé en forme de lame de couteau et qu'il arrive au moins aux trois quarts du porte-greffe; il ne faut pas négliger de bien serrer soit avec le raphia ou la ficelle pour que la partie fendue du porte-greffe non occupée par le greffon se touche, à seule fin que cela ne forme qu'un seul corps comme avant de fendre; pour que cela se maintienne bien, il est indispensable de mettre la ligature Verdalle, celle-là seule a la propriété de tenir toujours les bois en pleine adhérence sans jamais les étrangler et cède facilement au fur et à mesure que le bois grossit, cette ligature est la plus simple et la plus pratique; un homme peut en ligaturer facilement deux mille par jour, on peut l'employer sur tous les modes de greffage; il est possible qu'on baissera un peu le prix, ce qui permettra de l'employer facilement. Par cette ligature, les bois se trouvant toujours en contact, les soudures sont tout-à-fait complètes et les réussites plus nombreuses. C'est bien dommage que cette ligature soit arrivée si tard, après le raphia, sur le compte duquel on avait mis toute la confiance, ce qui sera très difficile à faire perdre.

Je vous disais plus haut que si on pouvait prendre les greffons de sur souche au fur et à mesure du besoin, cela n'irait que mieux. Néanmoins, il ne faut pas attendre que le bourgeon commence à se développer, alors la sève se trouve trop montante et en taillant le greffon de sur souche vous forcez cette sève à redescendre, ce qui fait opposition à celle du porte-greffe dont la sève est montante; l'une refoule l'autre.

Greffe anglaise.

On a très souvent greffé des vignes d'un an à l'anglaise. Pour bien faire cette greffe, il faut que les deux sujets, porte-greffe et greffon, soient d'égale grosseur;

s'ils ne se rapportent pas exactement, les soudures sont défectueuses ; la sève qui se perd par les incisions forme un bourrelet qui fait grossir démesurément le greffon sur la soudure et empêche le grossissement de la souche. Cette greffe est beaucoup plus longue et plus difficile à pratiquer sur les plants destinés à rester en place, aussi la réserve-t-on spécialement pour la greffe-bouture faite sur table. Elle a jusqu'à ce jour donné des résultats un peu supérieurs à la greffe à fente simple.

Greffe à fente pleine.

Cette greffe ne diffère pas beaucoup de la greffe à fente simple. On ne s'en sert que quand on a les greffons aussi gros que les porte-greffes, ce qui fait que les écorces effleurent des deux côtés et que les deux pieds sont identiques.

Greffe à triple languette.

Cette greffe, qui est encore plus difficile à appliquer que la greffe anglaise, a été abandonnée par l'ensemble des viticulteurs, malgré qu'elle ait donné d'assez bons résultats.

Greffe à talon.

Il suffit pour faire cette greffe d'amincir une bouture vers le milieu de sa longueur et d'introduire la partie amincie dans la fente qu'on a faite à la souche qui a été déchaussée profondément ; dans cette position, le greffon peut raciner et alimenter par ses racines et sa sève sa végétation. On ne fait beaucoup de greffes à talon que sur des vignes françaises pour multiplier le bois américain.

Greffe par approche.

Cette greffe consiste tout simplement à aplatir sur

une face les deux sujets, à les juxtaposer sur les parties amincies et à les bien serrer. Ces greffes n'ayant donné que des réussites très médiocres, j'engage les viticulteurs à les pratiquer le moins possible.

Greffes à double effet.

Je viens vous faire part d'une nouvelle forme de greffage à double effet que j'ai faite cette année sur des vieilles souches françaises, qui consiste à faire affranchir un américain et faire produire un français tout à la fois, dont voici la manière d'opérer :

On prend un riparia raciné ou bouture, on le greffe sur table avec un greffon français, que l'on veut avoir ; on regreffe encore le porte-greffe américain sur la souche destinée à être greffée, on coupe celle-ci au dernier nœud, c'est-à-dire aussi profondément que l'on peut. Cette greffe se fait à la fente simple, par côté ; au bout de deux ans, votre vieille vigne est totalement remplacée par une nouvelle vigne franco-américaine, produisant le double que la précédente, et cela avec très peu de frais.

Ce genre de greffage, que je préconise, réussit très bien en ce sens que le porte-greffe américain, qui se trouve greffé sur vieilles souches, possède déjà un bon élément de vie par ces racines, et en prenant une autre partie de la souche française, cela lui permet de pousser le greffon comme un vieux pied de deux ans. J'ai eu des pousses de deux mètres de long.

Cette année 1887, il y a pleine vendange. Je crois être un des premiers à faire cette greffe.

Profondeur des greffes.

Pour les plantiers américains, il faut, autant que possible que la greffe soit pratiquée à cinq centimètres au-dessous du sol pour conserver assez de fraîcheur jusqu'à sa complète soudure. Dans les terrains secs et caillouteux, il est utile de les faire de huit à dix centimètres de profondeur pour que les grandes chaleurs ne puissent pas nuire au développement de la sève, ce qui ferait de mauvaises soudures.

Il est utile, même indispensable, d'enlever toutes les racines que peuvent avoir poussé les greffons au bout d'une année, c'est-à-dire avant leur seconde pousse. Il arrive souvent que ces racines aidant au développement des greffons, ceux-ci grossissant plus vite que le porte-greffe, font éclater la fente, et la soudure reste irrégulière.

Ligatures.

Les ligatures les plus employées sont le *raphia*, que l'on sulfate pour le rendre plus résistant à l'humidité. On peut se servir aussi de ficelles que l'on fait goudronner pour qu'elles pourrissent moins vite. J'engage à employer le *raphia*, qui coûte moins cher et par ce fait est plus pratique que les ficelles.

Pour maintenir la fraîcheur de la greffe, il est utile d'appliquer contre celle-ci un mastic d'argile grasse de la grosseur de 2 à 3 centimètres d'épaisseur, ce qui peut former ensemble un diamètre de 5 à 6 centimètres; cela empêche le dégagement de la sève et même souvent empêche le greffon de pousser de nouvelles racines.

Age auquel il faut greffer

Plusieurs viticulteurs prétendent que de greffer les plants américains de 1 à 2 ans, les réussites sont aussi bonnes que de greffer de 3 à 4 ans, et que, par ce fait, ils récoltent une année plus tôt. Pour moi, je ne suis pas tout à fait de leur avis.

Après avoir essayé de greffer de la sorte, je trouve

et je peux même prouver que les greffes faites sur des pieds de 3 à 4 ans sont beaucoup plus belles que celles du même âge faites sur des pieds de 1 à 2 ans.

Il arrive souvent qu'en greffant les plants américains trop jeunes, vous les mettez à fruit avant qu'ils n'aient reçu toute leur force nécessaire pour supporter leur greffage. Aussi, la majeure partie de ces vignes commencent à péricliter après 4 ou 5 ans de leur greffage. C'est ce qui faisait croire à beaucoup de propriétaires que ces plants n'étaient pas résistants.

Il m'a été facile de prouver le contraire par les plants greffés à la troisième ou quatrième feuille. J'en connais qui ont 8 et 10 ans de greffe et qui possèdent encore une grande vigueur.

Mes greffes sur plants de 3 ans m'ont donné 98 0/0 de réussite. La moyenne de ces greffes ont eu au moins 2 mètres de long ; il y en a même qui ont dépassé 4 mètres. Je pourrais laisser à chaque pied trois ou quatre coursons qui donneraient beaucoup plus de fruit.

Influence du greffon sur le porte-greffe.

Beaucoup de propriétaires redoutent de greffer le Riparia à cause de sa précocité à la pousse, surtout dans notre plaine qui se trouve sujette aux gelées printanières. Je puis, dès aujourd'hui, garantir que le porte-greffe n'a aucune influence sur le greffon, c'est celui-ci, au contraire, qui gouverne l'autre ; mettez un Négret sur un Riparia, quoique le Riparia pousse un mois avant le Négret une fois greffé, le greffon ne poussera qu'à son temps, c'est-à-dire un mois après le Riparia.

Il m'a été très facile de m'en rendre compte sur plusieurs pieds de Riparia greffés depuis 2 et 3 ans, sur lesquels on avait oublié quelques rejettons, les Riparias avaient 50 centimètres de long, que les bourgeons des greffons n'avaient pas encore débourré, c'est ce qui m'a prouvé ce que j'avance plus haut que : c'est le greffon qui commande le porte-greffe.

Vous pouvez donc greffer sans crainte les Riparias avec n'importe quel sujet, que celui-ci ne sortira que quand son temps sera venu. Il en est de même pour tous les autres plants.

Manière de ne pas diminuer de récolte tout en commençant d'avoir le phylloxéra.

Il suffit, pour cela, de greffer à une profondeur de 20 centimètres au moins les pieds français d'un entr'autre, avec des producteurs directs reconnus résistants.

Ces greffes commencent à produire avant que les pieds restant sans greffe ne soient complètement morts et, au fur et mesure qu'ils périssent, on n'a besoin que de proviner un cep pour le remplacer au bout de 3 ou 4 ans ; on a une vigne complètement reconstituée et à bien peu de frais. Cela a déjà bien réussi chez plusieurs propriétaires.

En agissant ainsi, on a même l'avantage d'avoir de belles boutures pour planter les terres que l'on a de disponibles, ou bien on peut les vendre, ce qui couvre tous les frais que l'on a faits, même au-delà, et on ne discontinue pas de vendanger ces pieds qui finissent même par produire beaucoup plus qu'ils ne produisaient précédemment.

Avantage que donne le greffage

Toutes les fois que l'on greffe un plant quelconque, on améliore la qualité de son fruit et on augmente la production, il a été reconnu dans divers crus que les vins obtenus par le greffage, quoique encore en état de plantier, étaient supérieurs aux vins que produisait la vigne en nature.

On craint en greffant de diminuer la durée de la plante, nous avons vu pourtant des vieilles souches greffées qui reprenaient de la vigueur, elles avaient 20 à 25 ans de greffe et ne témoignaient aucun affaiblissement, c'est ce qui porte à croire que les plants greffés vivront autant que ceux qui sont francs de pieds.

Je crois pourtant que si on ne fumait pas ces greffes chaque trois ou quatre ans, il arriverait que l'excès de production rendrait le pied anémique et finirait par ne rien produire ; on ne peut pas être égoïste au point d'abandonner ce qui produit le plus sans venir à son secours.

Epoque du greffage.

Il y a plusieurs époques pour le greffage. On pratique la greffe à deux époques différentes : en août et septembre et en mars et avril.

Les greffes faites en août et septembre se pratiquent peu sur la vigne. On a pourtant essayé, mais les résultats ont été peu satisfaisants, car à ce moment la sève se trouve descendante et abandonne les tiges supérieures pour se concentrer dans le tronc.

Cette sève n'est jamais aussi abondante que celle du printemps.

Quant à celles que l'on fait en mars et avril, on les réussit bien mieux, car à ce moment la sève se trouve montante et continue, ce qui fait que les soudures sont humectées sur toutes les faces et rendent les greffes bien soudées.

Beaucoup de viticulteurs et même des pépiniéristes prétendent que les greffes faites en mai réussissent mieux parce que la sève se trouve en ce moment plus épaisse, c'est-à-dire plus gluante, et que la soudure se fait mieux. Il y a eu pourtant une grande déception cette année pour ces greffes. Celles pratiquées sur la pépinière de l'Ecole départementale n'ont donné que 40 pour cent environ, tandis que les miennes, faites du 20 au 30 mars sur des pieds du même âge, m'ont donné 95 à 98 pour cent. Aussi, je recommande le greffage du 15 mars au 15 avril.

Si on craint la gelée, on peut couvrir les greffons en buttant la terre fine jusqu'au dessus du bourgeon supérieur. La greffe est ainsi garantie.

Hybridation.

Quoique n'étant pas bien expérimenté sur le mode d'hybridation, permettez-moi que je vous donne un aperçu de cette sorte de travail.

Il y a deux sortes d'hybridations, l'hybridation naturelle et, la seconde, celle que l'on fait soi-même, qu'on appelle artificielle.

Pour bien réussir l'hybridation naturelle, il faut établir un carré de vignes dans lequel on plante, à diverses distances, les cépages que l'on désire hybrider tels que Rupestris, Jacquez-Herbemont, Noah, etc., Parmi ces plants, on met d'autres natures très productives tels que l'Aramon, le Carignan, l'Alicante, le Beni-Carbo, le Grand-Noir et autres.

Quant tous ces plants sont en production, il arrive ceci : c'est qu'au moment où les raisins sont en fleurs, le vent chasse ces fleurs et les envoie souvent sur la souche voisine, où elles tombent sur les raisins de cette dernière et parviennent à les féconder.

Les fleurs qui s'envolent s'appellent pollen, et celles qui les reçoivent se nomment pistil.

Pour ce qui est de l'hybridation artificielle, c'est-à-dire celle que l'on pratique soi-même, voici comment elle se pratique :

On enveloppe les raisins que l'on veut hybrider avec du parchemin souple pour qu'il résiste aux coups de vent, on prend ensuite la fleur du raisin que l'on veut faire reproduire en la mettant sur un morceau de papier que l'on forme en guise de cornet et on la porte sur le raisin que l'on veut hybrider, en ayant soin d'enlever précieusement les capucines des fleurs du raisin américain, en laissant la base de la fleur tenir au grain ; on présente alors le cornet de papier qui renferme les fleurs fécondantes, on souffle dedans en face du raisin et les fleurs vont se reposer légèrement sur le raisin.

Une fois l'opération terminée, on ferme tout à fait l'entonnoir qu'on a placé en parchemin pour que le vent ne dérange pas les fleurs qu'on vient d'y mettre, et pour empêcher que d'autres fleurs ne viennent abâtardir la race que l'on veut obtenir. Sitôt le raisin formé on enlève le parchemin.

Inutile de dire qu'il faut choisir les espèces qui fleurissent à la même époque.

Quand le raisin fécondé est mûr, on en extrait les graines que l'on sème au printemps dans une terre bien préparée, mélangée moitié vase de rivière, et moitié terreau en ayant soin de les mettre à tremper deux jours dans l'eau avant de les semer. Dans le courant de la même année, on peut se rendre compte si l'hybridation a réussi ou non avec les pousses de ce semis.

J'engage donc tous ceux qui ont le temps et un peu de patience à faire de ces essais, car c'est par ce moyen que l'on peut arriver à obtenir une variété, faisant un vin supérieur produisant beaucoup et résistant au phylloxéra et autres maladies cryptogamiques.

M. Gaston Bazille a obtenu par ces sortes d'hybridations un plant auquel il a donné le nom de Saint-Sauveur, nom que porte la propriété où il a été pour la première fois mis en vente.

M. Bouschet de Bernard, qui a hybridé beaucoup de variétés avec le raisin Teinturier, a réussi à nous donner des qualités produisant beaucoup de bon vin et d'une riche couleur, tandis que le Teinturier par lui-même était presque improductif.

Vient de paraître aussi l'Herbemont Toujan qui, dit-on, est bien supérieur à l'Herbemont ordinaire, produit au double et mûrit 20 à 25 jours avant. J'en ai cette année 20 pieds en production qu'il me sera facile d'apprécier et de juger.

M. d'Aurelle de Paladines vient d'obtenir, en Algérie, des Jacquez et des Herbemonts hybridés, qui, dit-il, sont d'une fécondité qui dépasse toutes celles connues jusqu'à ce jour. Il fait ces deux qualités d'un rendement de 400 hectolitres à l'hectare.

Je crains beaucoup que cela ne soit un peu exagéré, car si M. d'Aurelle pouvait seulement en garantir 200, il lui serait facile de vendre ses produits boutures non pas 1 fr. 50 la bouture, mais 5 fr., et au besoin on se contenterait de 100 hectolitres à l'hectare.

L'expérience nous le dira plus tard.

Précocité des plants américains

Les plants américains à production directe produisent de très bonne heure. Ainsi le Jacquez commence à produire à la troisième feuille et à la quatrième feuille il donne pleine récolte.

L'Othello produit à la deuxième feuille et à la troisième il donne jusqu'à quarante hectolitres à l'hectare.

L'Herbemont est un peu plus tardif à produire, il commence à la quatrième feuille et produit pleine récolte à la cinquième.

Le Black-défiance produit, comme l'Othello, à la troisième feuille.

Le Secrétary produit, comme le Jacquez, à la quatrième.

L'Huntingdon produit à la troisième et quatrième feuille, mais ne donne de bonne récolte qu'à la cinquième.

Le Noah, plant blanc, est aussi très précoce, produit comme l'Othello à la troisième feuille et beaucoup de ses tiges portent jusqu'à quatre raisins.

Le Triumph suit le Noah, mais ne porte que deux raisins à chaque tige; ils sont bien plus gros.

Le Duchess, qui est le meilleur des raisins blancs américains, commence à produire à la seconde feuille et augmente chaque année jusqu'à sa cinquième feuille. A cet âge, le Duchess se trouve dans sa plus forte végétation.

Beaucoup d'autres plants sont aussi précoces, mais je ne tiens à citer que ceux qui sont les plus connus.

On entend dire par plusieurs personnes bien mal renseignées que les plants américains sont très longs à produire et que la moitié même ne produisent rien. Je crois ne pas me tromper que c'est par esprit de jalousie que ces personnes parlent. Il m'est très facile de prouver le contraire.

J'ai déjà les plantiers de quatre ans sur lesquels je compte au moins 45 à 50 hectolitres à l'hectare, mais ce que je puis dire, c'est que, ayant planté des beaux racinés Riparia et Jacquez en 1885, j'ai pu les greffer en 1886 et j'aurai cette année 30 à 35 hectolitres à l'hectare; il en sera de même l'année prochaine, car j'ai greffé cette année 1887, 12,000 pieds Riparia et Jacquez et suis certain de récolter 30 hectolitres à l'hectare en 1888 sauf gelée ou grêle.

Aussi je ne saurais trop engager les divers propriétaires à venir voir mes plantations. On y trouvera toujours mon régisseur ou moi. Je possède déjà 55 variétés dont une grande partie sont très méritantes.

RÉSULTAT DES EXPÉRIENCES
FAITES PENDANT L'ANNÉE 1886

Messieurs les Propriétaires,

L'année dernière, j'eus l'honneur de vous entretenir par la voie de la presse des expériences et connaissances que j'avais faites sur les plants américains et franco-américains. Persistant dans cette œuvre, je viens aujourd'hui à nouveau vous entretenir de ce que j'ai appris cette année. Je porte ma plus grande attention sur les producteurs directs blancs et rouges, étant persuadé qu'ils doivent avoir plus de rusticité et de durée que les plants greffés.

Mes Jacquez de quatrième feuille sont plus forts que nos plantiers de dix et quinze ans et portent jusqu'à quarante raisins énormes. Malgré que les grains soient un peu petits, la quantité finit par être rémunératrice ; quant à son vin, je vous l'ai déjà dit, il ne se vendra guère que pour coupage à cause de sa riche couleur et de son titre alcoolique qui atteindra 12 à 13 degrés.

J'ai vu dans le Midi un plantier de Jacquez de huit ans ayant produit soixante-dix hectolitres à l'hectare. Ce vin marquait 14 1/2 à 15 degrés.

Pour mon compte, je ne peux pourtant pas me fâcher de mes greffes de l'année dernière : beaucoup portent quinze à vingt livres de raisins en Alicante-Bouschet, Petit-Bouschet et Valdiguier. Ces raisins sont énormes et presque carrés. J'espère vendanger du 10 au 15 septembre.

Beaucoup de personnes sont déjà venues voir mes plantations ; elles sont parties complètement satisfaites.

Toutes mes greffes de cette année sont très belles. J'ai eu 90 pour cent de réussite. Beaucoup me portent deux à trois kilogr. de raisins, surtout l'Alicante Henri-Bouschet, dont je possède huit cents pieds. Je crois pouvoir livrer à la vente quinze à vingt mille de ces boutures garanties authentiques.

Harvood.

Plant très vigoureux, précoce et fertile, mais difficile à faire reprendre de bouture, résistant très bien au phylloxéra. Beaucoup de viticulteurs le nomment Herbemont à gros grains; mais je trouve qu'il en diffère un peu, soit par sa production, soit par ses grandes feuilles et son extrême vigueur. Il a l'avantage de produire un tiers de plus que l'Herbemont et de mûrir quinze jours plus tôt. Son vin est aussi bon sinon supérieur à ce dernier plant.

Cornucopia.

Ce cépage, un peu moins fertile que le précédent, mérite d'être multiplié à cause de sa précocité et de la bonne qualité de son vin, qui est supérieure à celle de l'Herbemont. Ce plant est d'une végétation extraordinaire et a l'avantage de se faire dans tous les terrains.

Cynthiana.

On peut classer le Cynthiana au second rang comme producteur direct et de premier ordre pour la qualité de son vin, qui est même supérieure à celle du Jacquez. Il ne porte jamais trace d'oïdium, d'anthracnose ni de péronospora. Je connaissais ce plant depuis quelque temps. C'est par oubli que je n'en ai pas parlé dans les articles de l'an dernier; seulement, il existe un frère jumeau de ce cépage, que l'on nomme *Nortons' Virginia*, qui ne diffère pas du Cynthiana, car leurs rendements sont les mêmes; ils sont d'une très forte vigueur et se plaisent presque dans tous les terrains. Ils peuvent donner de 25 à 40 hectolitres à l'hectare, selon leur exposition.

Les vins de ces cépages possèdent quatre couleurs et pèsent 12 à 13 degrés.

Bacchus.

Vigne d'une végétation extraordinaire. Sa tige, à la troisième année, mesure souvent cinq à six centimètres de diamètre. Les sarments ont jusqu'à six mètres de long et une grosseur de douze à quinze millimètres. La production du Bacchus n'est pas des plus fortes. Son vin est moyen; sa production s'accroît à mesure que le cep prend d'âge. Il est indispensable de le tailler long pour éviter la coulure.

Eumelan.

Cépage remarquable par la grosseur de ses raisins et de ses grains, dépassant en grosseur les muscats de Grèce. En le taillant long, il produit 40 à 50 hectolitres à l'hectare. L'Eumelan produirait davantage s'il n'était sujet à la coulure. Il peut cependant se recommander comme un très joli raisin précoce.

PRODUCTEURS DIRECTS BLANCS

Triumph.

Ce cépage, connu depuis dix ans, a été jusqu'ici très résistant au phylloxéra; il se développe très vite et produit à la troisième feuille de 40 à 50 hectolitres à l'hectare. Quand il atteint sa cinquième année, il produit jusqu'à cent hectolitres. Ses feuilles sont très grandes et d'un vert foncé. Son raisin est gros, et les grains dépassent la grosseur moyenne. Le vin est excellent et pèse 10 à 11 degrés environ. Ce cépage mûrira chez nous vers le 15 septembre.

Noah.

Ce plant, un des plus anciens importés en France, a déjà prouvé sa résistance à toutes les maladies cryptogamiques. Il reprend très facilement de bouture. Ses raisins ressemblent au Chasselas; malheureusement, il est foxé et a le goût très prononcé de la framboise.

La production du Noah est de 60 à 70 hectolitres à l'hectare. On peut l'utiliser comme excellent porte-greffe; son avenir est assuré dans nos coteaux.

Duchess.

Le Duchess est le meilleur de tous les plants blancs

à production directe. Son vin est tout à fait franc de goût. Il présente un bel aspect; ses feuilles sont très grandes et bien dentelées ; il brave facilement le péronospora. L'avantage qui doit lui faire donner la préférence, c'est qu'il n'a pas besoin de beaucoup de fumure. Dans le Midi, on le nomme « la vigne du pauvre. » Les raisins se conservent sans difficulté jusqu'au printemps. Sa production est de 70 à 80 hectolitres à l'hectare. Il mûrira chez nous du 1er au 10 septembre.

Allens.

Cette nature de vigne n'est connue que depuis six ans ; elle promet déjà beaucoup. Son vin est assez franc de goût et n'est pas trop sujet à la fermentation. Sa production est de 50 hectolitres à l'hectare ; il pourra mûrir chez nous du 15 au 25 septembre.

Irving.

Raisin blanc nouveau de beaucoup d'apparence et d'attrait. Importé en France depuis huit ans, il a été bien peu répandu, mais il mérite bien d'être classé vigne saine à végétation vigoureuse. Sa production atteindra jusqu'à 80 hectolitres à l'hectare ; le vin sera bien franc de goût et pourra faire jusqu'à 11 degrés. Il mûrira chez nous vers le 10 septembre.

PLANTS FRANCO-AMÉRICAINS

HYBRIDES BOUSCHET A JUS COLORÉ CLASSÉS D'APRÈS LEUR VALEUR

Alicante Henri-Bouschet.

Une des plus grandes découvertes de M. Bouschet. Ce plant est d'une vigueur très forte, ne souffre presque pas du péronospora et est extrêmement fertile ; c'est la variété la plus méritante de tous les hybrides ; il a l'avantage, en outre, de produire régulièrement chaque année un vin de premier choix. Il n'est pas sujet du tout à la coulure ; sa production dépasse jusqu'à 150 hectolitres à l'hectare. Il mûrit du 1er au 15 septembre; le vin pèse de 10 à 12 degrés.

Aramon-Teinturier-Bouschet.

Le plus productif de tous les hybrides Bouchet; il arrive à produire, après deux ans de greffe, 200 hectolitres à l'hectare. Son vin pèse en moyenne 8 à 9 degrés. Ce plant mérite beaucoup plus de soin que ses confrères; à cause de sa grande fertilité, il lui faut une fumure régulière tous les ans; sans cela, il s'épuise et ne produit rien à la quatrième année. La maturité de cet hybride arrive vers le 20 septembre.

Carignane-Bouschet.

Ce cépage mérite d'être cultivé par rapport à la qualité de son vin et de sa précocité; il mûrira chez nous du 1er au 10 septembre. Son vin fera 10 à 11 degrés. Son rendement sera en moyenne de 120 à 140 hectolitres à l'hectare, c'est un hybride qui est bien peu sujet au péronospora.

Morastel-Bouschet gros grains.

Variété extrêmement fertile et vigoureuse autant que l'Aramon-Teinturier. Cette vigne doit être cultivée en grand. Sa production a été jusqu'à 200 hectolitres à l'hectare d'un vin de coupage magnifique, mais le vin ne vaut pas tout à fait celui du Carignane et mûrit quinze jours plus tard que ce dernier; il est aussi plus sensible aux maladies aériennes.

Terret-Bouschet.

Cet hybride est un des derniers connus; il est très fertile. Sa maturité est tardive, son vin est un peu faible, mais ce qui sera la cause qu'on le pratiquera peu, c'est qu'il est sujet au pourridié. Il pourra mûrir chez nous vers le 25 au 30 septembre.

Petit-Bouschet

Un des premiers hybrides de M. Bouschet. Il n'a

pas moins son mérite; il produit régulièrement chaque année. C'est le plus précoce de tous; il mûrit du 1er au 10 septembre chez nous. Son rendement est de 100 à 150 hectolitres à l'hectare. Son vin possède une belle couleur. Son seul et grand défaut, c'est de n'être pas assez alcoolique, car il ne fait que 6 à 7 degrés. Il a servi de père à la plupart des hybrides de Bouschet.

Alicante-Bouschet très fertile sélectionné.

Ce plant produisant un peu moins que l'Alicante-Henri et son vin étant un peu moins alcoolique, mérite d'être cultivé, malgré tout cela, à cause de sa précocité et de la riche couleur de son vin. Il pèse en moyenne 10 degrés.

Beaucoup de viticulteurs annoncent sept ou huit variétés d'Alicante; pour moi, je crois que ces diverses qualités ne proviennent que des sélectionnements; dans le nombre, il se trouve quelques pieds qui sont sujets à la coulure et d'autres dont les grains sont d'une simple rangée.

L'Alicante que je sélectionne est tout à raisins doubles grains et produit régulièrement chaque année; son rendement est de 100 à 120 hectolitres à l'hectare. Il mûrit du 10 au 15 septembre.

Piquepoul-Bouschet

Encore peu connu. Il paraît avoir quelque mérite par rapport à la conservation de ses raisins, car ils se conservent une grande partie de l'année. Ce plant pourra avantageusement remplacer notre Œillade. Son vin est excellent, d'une belle couleur, mais la production est un peu plus minime que les autres hybrides déjà nommés, car il n'atteindra guère que 70 à 80 hectolitres à l'hectare. Il mûrira chez nous du 10 au 20 septembre.

Aspirant-Bouschet.

Le plus riche en couleur et en alcool de tous les cépages à jus coloré. Il ne peut servir que pour coupage; il y a des années où il produit un vin qui a cinq couleurs et titre jusqu'à 14 degrés. Son rendement est bien minime encore comparativement aux autres, car il n'atteint guère en quantité que 50 hectolitres à l'hectare. La maturité de cet hybride est du 15 au 20 septembre.

Aramon Bouschet n° 1.

Ce plant est un des plus productifs. Si je le classe dans les derniers, c'est à cause de sa maturité qui est très tardive et nuit énormément à sa qualité; pour si peu que l'année soit en retard, une partie de ses raisins mûrissent mal et le vin se trouve défectueux, car il n'atteint guère que 5 ou 6 degrés d'alcool; il mérite pourtant d'être essayé à cause de sa grande production qui arrive souvent jusqu'à 250 hectolitres à l'hectare; à un exposé chaud, il mûrira bien.

Grand Noir de la Calmette ou Grand Noir Bouschet

Cette variété, comme l'Aramon-Bouschet n° 1, a l'inconvénient d'être tardif à mûrir. Sa production est supérieure au Petit-Bouschet et son vin titre de 8 à 10 degrés; il résiste assez au péronospora et à l'oïdium; il ne pourra mûrir chez nous que vers la fin de septembre.

Muscat-Bouschet

Ce plant, nouvellement connu, produit un raisin qui, d'après moi, servira plutôt pour la table que pour la cuve, sauf à n'en mettre que quelque peu dans chaque cuvée pour que le goût musqué soit moins prononcé. Sa grande précocité le fera rechercher par les vignerons du Nord.

Le Muscat-Bouschet mûrit aux premiers jours de septembre.

Œillade-Bouschet.

Le plus précoce de tous, il mûrit tel qu'il est dénoncé du 1er au 10 août, selon la température de l'année; sa grande précocité fait qu'on le pratique quelque peu; il est d'une moyenne fertilité. C'est un bien bon raisin de table: la chair demi-croquante et le jus abondant et très doux. Les pieds d'Œillade ont le défaut de dépérir facilement, car ils ne vieillissent que huit à dix ans.

Il y a encore deux autres variétés d'hybrides Bouschet. Leur découverte étant toute récente et n'ayant pu les cultiver encore, je ne puis me prononcer.

Cette année, j'ai greffé diverses variétés de plants français que nous ne connaissions pas chez nous et qui peuvent nous être d'une grande utilité. Ce sont :

Gamay de Bourgogne.

Plant qui est d'une assez grande fertilité et d'une grande végétation, car le rendement de ce cépage atteint jusqu'à 150 hectolitres à l'hectare. Son vin est excellent et fait de 8 à 10 degrés. La précocité des Gamay permet de les cultiver dans des régions froides où d'autres cépages ne peuvent pas prospérer.

Cinsaut.

Le Cinsaut est un plant d'une végétation splendide et d'une maturité assez hâtive. Vin excellent possédant un bon bouquet agréable ; il possède aussi un grand avantage pour notre région, c'est de débourrer bien plus tard que nos vignes et, par ce fait, se trouve à l'abri des gelées du printemps. Il mûrit chez nous du 1er au 15 septembre. Ses raisins ressemblent à l'Œillade.

Morvèdre.

Ce cépage, provenant d'Espagne, est très productif ; il a le même avantage que le Cinsaut, celui de débourrer tard ; il résiste très bien aux maladies cryptogamiques dans les milieux propices et se greffe très bien sur les plants américains. Son rendement est de 80 hectolitres à l'hectare d'un vin très coloré et riche en alcool.

Portugais Bleu.

Plant nouvellement connu dans notre région. Il possède un grand mérite, c'est qu'il mûrit en août et peut produire jusqu'à 100 hectolitres à l'hectare d'un vin très franc de goût. Sa grande précocité fait qu'il n'est jamais atteint du péronospera.

Le vin du Portugais Bleu titre 11 degrés et a, en outre, une des plus belles couleurs.

Bobal d'Espagne.

Précieux cépage à cause du bouquet et de la riche couleur que possède son vin. Recommandable surtout par sa remarquable fertilité. Ses grappes sont grosses et ses grains gros, d'un jus abondant. Il peut donner jusqu'à 140 hectolitres à l'hectare d'un vin pesant 11 à 12 degrés. Sa maturité sera du 15 au 20 septembre.

Beni-Carlo d'Espagne.

Peu connu encore en France, il mérite d'être essayé à cause de sa riche fertilité. Il produit jusqu'à 200 hectolitres à l'hectare d'un vin faisant 15 degrés ; il est très fin de goût. Sa maturité sera un peu tardive : on ne pourra le vendanger que vers la fin de septembre.

Dans ma brochure de l'année dernière, je vous avais annoncé un plant qui produisait trois fois dans l'année. Ce n'était que l'exacte vérité. J'en possède déjà plusieurs pieds dont les trois natures sont bien marquées; cemme ces pieds sont des greffes de cette année seulement, il est possible que les troisièmes raisins n'arriveront peut-être pas à bon port. Tout ce que je puis constater dès maintenant, c'est que ce plant sera extra-fertile, car il pousse des raisins jusqu'à trois mètres loin du pied. Ses raisins sont d'une bonne grosseur ; son bois se développe avec une vigueur extraordinaire. J'ai de ces greffes qui ont déjà cinq mètres de longueur et pourront fournir jusqu'à cent boutures.

Chaque propriétaire doit se munir de quelques pieds de ce plant, à cause de sa grande fertilité et de sa grande vigueur ; il se prêtera bien pour faire du treillage ou espalier qui, bien exposé au soleil, mûrira facilement ses troisièmes raisins. Ce plant est en outre ornemental.

Depuis environ 12 à 15 ans, on cultive en France trois porte-greffes qui méritent d'être essayés. Ce sont :

Le *Taylor*, le *Clinton* et l'*Alvey*. Seulement, je n'engage pas les propriétaires à les cultiver en grand avant de les avoir essayés, car il y en a dans différentes régions dont on est émerveillé et d'autres qui ont échoué à la deuxième ou troisième année.

Les nouveaux porte-greffes sont : le *Berlandieri*, le *Mustang*, l'*Oporto* et l'*Uhland*.

Ces quatre variétés ont produit jusqu'à ce jour de bons porte-greffes ; néanmoins, comme ces plants sont de dates trop récentes pour pouvoir les juger définitivement, il faut espérer qu'ils se maintiendront et contribueront largement à la reconstitution de nos vignobles.

Beaucoup de viticulteurs accordent la préférence au *Jacquez*, soit comme porte-greffe, soit comme producteur direct : comme porte-greffe, il a l'avantage de pouvoir se greffer à tout âge et de ne se laisser jamais dépasser par le greffon ; il n'est pas non plus sujet au bourrelet, et si, par cas, vous manquez une greffe, le rejeten est assez fructifère pour remplacer la greffe manquée.

Le Jacquez, comme producteur direct, tient encore le premier rang, parce qu'il fait un vin supérieur aux autres ; il s'accommode presque dans tous les terrains. A l'âge de quatre ans, il peut produire 50 hectolitres à l'hectare, et, à l'âge de huit ans, il peut arriver à 80 hectolitres. C'est le plant qui se développe le mieux de tous.

Je ne crois pas nécessaire de vous entretenir à nouveau des divers cépages dont la description vous a été faite l'année dernière par la voie de la même presse. Dans le cas où on y tiendrait, je peux disposer de quelques brochures qui me restent et sur lesquelles on trouverait le détail des divers plants et les manières les plus pratiques de la plantation et du greffage.

J'ai beaucoup d'autres cépages en étude sur lesquels je ne puis encore me prononcer ; seulement, je promets que chaque année je ferai part, par la voie de la presse, de tout ce que j'aurai fait et appris en matière de viticulture.

A la fin de cette année, je posséderai quinze hectares de vigne américaine.

J'engage les propriétaires qui ont l'intention de planter de bien préparer les terrains sitôt après les vendanges et de planter les racinés autant que possible en novembre et en décembre : vous obtiendrez double végétation sur ceux qui se planteront en mars et avril. Ces expériences ont été faites chez moi l'année dernière, et je puis constater cette énorme différence.

Il n'y a pas mal de personnes qui se plaignent que leurs greffes n'ont pas réussi cette année. Pour moi, je crois que l'excédent d'humidité a été cause de cela : le raphia a été pourri avant que les greffes n'aient pu se souder, la fente s'est ouverte et la soudure n'a pu se faire.

Pour parer à ces inconvénients, je crois qu'il serait utile de passer un corps gras sur la ligature, tel que du suif :

Ne sulfatez jamais le raphia, car le sulfate, en se dilatant, produit un certain corrosif qui pénètre dans les coupes et brûle une partie de ce jeune bois, tandis qu'en induisant avec du suif la ligature même au-dessus de cette dernière, vous évitez le contact de l'eau avec la partie greffée.

Par ce moyen et en agissant ainsi, vous n'aurez presque pas de manquants.

Je viens à nouveau protester contre les doctrines de plusieurs auteurs qui engagent de greffer le plant américain jeune, à un an au moins et à deux ans au plus. Pour ma part, j'ai fait des expériences dans mes propriétés. J'ai greffé des pieds de *Jacquez* et *Riparias* de un à quatre ans. Je puis d'ores et déjà prouver que les greffes sur des pieds de trois et quatre ans sont proportionnellement beaucoup plus fortes que celles faites sur des pieds de un et deux ans, sur lesquelles je ne puis laisser qu'une simple tête et encore pas très forte, tandis que sur celles de trois ou quatre ans on a beaucoup plus de réussite. La souche se trouve complètement formée à la première année et porte de trois à cinq têtes. Je m'engage à prouver tout ce que j'avance. Beaucoup de propriétaires qui sont venus voir mes plantations ont été surpris de cette grande fertilité.

Je mettrai cette année le produit de chaque variété à part et je vous ferai connaître le résultat de chaque nature, la quantité par chaque cent pieds et son degré alcoolique.

Par ce moyen, je serai complètement édifié sur ce que je grefferai, vu que je connaîtrai à l'avance ce que pourront me produire les cépages auxquels j'ai donné la préférence.

Je me ferai un plaisir de soumettre à n'importe lequel de mes clients qui m'en fera la demande un échantillon de vin de toutes les variétés que je récolterai. J'en aurai toujours dans mon bureau pour faire déguster.

Greffes-boutures.

Il est indispensable à tout propriétaire qui reconstitue son vignoble de faire des greffes-boutures ou sur racinés dans son jardin ou dans un coin de terre. Voici pourquoi :

Quand on greffe les plants de deux et trois ans sur place, il arrive presque toujours qu'il y a quelques greffes qui ne réussissent pas, soit par le défaut du greffon, soit par la mauvaise coupe, et souvent même, en travaillant, le vigneron peut, sans le vouloir, toucher les greffons. Tout cela nuit et empêche la greffe de faire une bonne soudure, et, en août, elle finit par dépérir. Beaucoup de ces greffes manquées ne repoussent pas.

C'est pourquoi j'engage les propriétaires à faire ces greffes-boutures en pépinière pour remplacer toutes les greffes manquantes, car par ces moyens on ne laissera aucun vide dans les plantations, tandis qu'en replantant de simples racinés, on ne finit jamais de greffer et regreffer et les plantations sont toujours irrégulières.

Pour bien placer ces plants greffés-soudés dans un plantier de deux ou trois ans, il faut pratiquer un trou de 50 à 60 centimètres en carré et 40 centimètres de profondeur, afin d'écarter les racines des souches voisines peur laisser libre cours aux racines de ces nouvelles greffes. Il faut les bien fumer la première année pour qu'elles puissent se dégager des pieds vieux qui sont à côté.

Ces plants doivent être mis en place fin novembre au plus tard. Avoir bien soin de ne planter que des greffes complètement soudées et ayant fait au moins de 25 à 50 centimètres de pousse, car au-dessous de cette longueur la moitié de ces greffes-boutures sont mal soudées, malgré qu'elles aient une belle apparence. Si on peut couvrir les racines de ces greffes avec de la vase, cela ne va que mieux ; à défaut de vase, mettre toujours de la terre fine. On peut aussi mélanger de la cendre avec la terre pour la rendre plus souple. En un mot, plus on y fait, plus on y trouve.

Les greffages

Permettez-moi de revenir sur le greffage. Voilà déjà 5 ans que je greffe des plants américains et j'ai pu, aujourd'hui, être fixé définitivement sur l'époque la meilleure qui décide du sort du greffage. J'ai fait des greffes aux mois de mars, avril et mai, toujours celles faites au mois de mars ont bien mieux réussi que celles faites en mai.

Cette année, le temps ayant retardé la pousse de la vigne de près d'un mois sur les autres années, je n'ai pu commencer mes opérations de greffage que vers le 15 avril ; le mauvais temps ayant interrompu mon travail, je n'ai pu le terminer que vers le 15 mai ; il m'a été facile à reconnaître que toutes celles que j'ai faites du 15 au 25 avril sont magnifiques et ont réussi de 90 à 95 0/0. Aujourd'hui, 15 juin, j'ai constaté des pousses de 60 centimètres, portant quatre ou cinq raisins splendides ; il n'en est pas de même de celles faites en mai, toutes ont développé leurs bourgeons, mais n'ont pu résister aux ardeurs du soleil qui les a tous grillées ; les greffons qui auront un double bourgeon repoussent, mais tous ceux qui l'auront simple seront perdus. Voilà déjà 5 ans qu'il m'arrive toujours la même chose, et voici à quoi j'attribue cette différence de reprise :

En greffant du 15 mars au 15 avril, le greffon ne se trouve pas pressé pour la pousse, la terre se trouvant encore demi froide ; par ce fait, la soudure a le temps de se faire avant l'éclosion du bourgeon et, quand ce bourgeon pousse, il ne s'arrête plus et ne craint pas les ardeurs du soleil, vu qu'il est déjà nourri par le porte-greffe ; aussi, il arrive toujours que les raisins que portent ces greffes arrivent à une assez bonne maturité.

Tandis que les greffes pratiquées du 15 avril jusqu'en juin ne peuvent réussir que très difficilement, et voici pourquoi :

Si on place sur un porte-greffe un greffon dont la sève a fait en grande partie son ascension, c'est-à-dire qu'elle est presque toute montée à l'extrémité de la souche, il n'en reste pas suffisamment pour établir une soudure prompte et bonne, le greffon dont l'époque avance commence à développer son bourgeon le lendemain qu'il se trouve en place, à cause, surtout, que la terre qui l'entoure se trouve chaude et excite à la végétation. Ce bourgeon, qui se développe si précipitamment, une fois qu'il a épuisé le petit peu de sève que possède ce greffon, ne peut plus résister à la température et se sèche parce que la soudure n'a pu se faire avant la pousse du greffage, et qu'alors, ne prenant de vie que par lui-même, sa sève est vite épuisée et meurt, sans faire de nouvelles pousses. Ceux qui ont commencé à souder avant la perte totale du bourgeon éclos poussent souvent un second bourgeon, mais celui-ci n'a pas la même vigueur du premier et reste bien arriéré sur les premières greffes.

Il arrive même souvent que ces bois ne mûrissent pas suffisamment et que le froid de l'hiver les gêle complètement.

Pour parer à ces inconvénients, il faut butter ces jeunes pousses jusqu'au quatrième bourgeon et ne les toucher, pour les tailler, que vers la fin mars ou commencement d'avril, c'est-à-dire quand la pousse commence.

Ce qui nuit aussi à la soudure de ces greffes tardives, c'est la grande chaleur qui finit par dessécher les coupes du greffon.

Manière de faire les greffes-boutures.

La première des choses pour bien réussir une greffe, c'est d'avoir les sujets bien frais. Si on peut prendre le greffon et le porte-greffe de sur la souche au fur et à mesure que l'on greffe, cela ne va que mieux; dans tout autre cas, il faut mettre ces bois dans un sable contenant 10 à 15 0/0 d'eau et complètement couverts pour bien les conserver.

Quand on est en même de greffer, il faut placer ces ceps dans l'eau courante pendant trois ou quatre jours pour qu'ils puissent se procurer le peu de sève qu'ils peuvent avoir perdue dans le sable.

Pour bien pratiquer ces greffes-boutures, nous avons deux systèmes : celui à l'anglaise et celui à la fente pleine ou évidée. C'est encore cette dernière qui réussit le mieux; elle se pratique au moyen d'un nouveau greffoir avec lequel on peut facilement tailler mille greffes par jour. La personne la moins expérimentée peut se servir de cet instrument. Il faut une personne pour appareiller et une autre pour attacher. Il est très utile de mettre un papier plomb sur la taille de ces greffes pour empêcher l'émission des racines. L'engluement à la terre glaise ne fait que du bien, car il a la propriété de maintenir la fraîcheur aux deux sujets.

Une fois la greffe finie, si on n'a pas les terrains prêts, il faut placer ces greffes dans un sable contenant 25 à 30 peur cent d'eau, en ayant soin de les mettre inclinées de la moitié de leur longueur. Le greffon doit toujours être en haut. Mettre les paquets de 25 à 30 au plus, le tout bien à l'abri du soleil et des vents. Sitôt qu'on a la terre prête, on commence à prendre la première couche dans une corbeille ou une caisse en les couvrant avec un linge mouillé ou de la mousse pour éviter de les laisser en plein air, et on ne les découvre que pour les planter.

Moyen pratique de plantation pour les greffes-boutures.

Pour avoir une belle réussite pour la greffe-bouture, il faut premièrement que la terre soit bien défoncée d'une année à l'avance, si on le peut, pour qu'il ne reste plus de mottes en dessous; alors la terre se trouve plus tassée et la sécheresse domine moins.

Si on plante des greffes-boutures sur racinés en pépinière, il faut pratiquer un petit fossé de 30 centimètres de profondeur sur 25 de largeur; on place les greffes de chaque côté des parois de ce petit fossé, en ayant soin d'espacer les plants un de l'autre de quinze centimètres environ, aussi régulièrement que possible, couvrir le fossé à demi de terre fine ou terreau, puis passer avec les pieds dessus pour bien tasser cette terre pour qu'il ne reste absolument aucun vide entre la greffe et la terre. On finit par recouvrir ensuite avec le reste de la terre du fossé qu'on a pratiqué.

Il faut éviter autant que possible de toucher aux greffons.

Buttage.

On comprendra facilement combien le buttage est utile après la mise en pépinière : il aide à conserver les greffes en bon état de fraîcheur, en attendant l'évolution des bourgeons. Ainsi, il faut couvrir les greffons jusqu'à deux ou trois centimètres au-dessus de leur extrémité avec de la terre fine et ne toucher à cette butte que quand les greffes ont au moins 25 centimètres de pousse.

Espacement.

En plantant les greffes-boutures, il faut laisser un espace de 50 centimètres d'un petit fossé à l'autre pour travailler ces greffes régulièrement tous les mois à une profondeur variant de 6 à 10 centimètres et empêcher les herbes d'y venir et en même temps empêcher la sécheresse de pénétrer à la soudure. Si on a les moyens faciles d'arrosage, alors on pratique dans cet espace laissé une rigole aussi plénière que possible, et on le remplit d'eau tous les huit jours. Si on tient à ce que les tiges grossissent, il faut pincer les pousses à 30 centimètres environ.

Manière de se reconstituer par le moyen de semis de pépins Riparia ou autres.

Pour bien réussir ces semis, il faut pratiquer une fosse de tout le carré que l'on veut semer, la faire d'une profondeur de 40 centimètres au moins, mettre au fond une couche de 15 centimètres de fumier de ferme bien préparé, couvrir ce fumier avec 10 centimètres de terre bien fine, mettre sur cette terre autres 10 centimètres de vase de rivière, mélangée avec des terreaux, semer sur cette couche les graines après les avoir mises à stratifier 2 à 4 jours dans l'eau. On peut semer à la volée, c'est-à-dire en jetant les graines sur la partie préparée sans les diviser, ou en pratiquant des petites raies que l'on sème dedans. Cette dernière manière est la plus pratique et a l'avantage de mieux distribuer les pépins. Une fois les graines répandues, on les recouvre d'une légère couche de vase de 4 à 5 centimètres au plus, que l'on arrose au moins tous les deux jours et très légèrement, pour ne pas faire du tassement.

Il est indispensable de bien entretenir cette pépinière, faire des cerclages continuels, à seule fin d'empêcher l'herbe d'y venir, pour que ces plants puissent sortir à leur aise; si toutefois on trouve que le semis soit trop épais, on enlève les plus petits; il faut que les pieds aient au moins 6 à 8 centimètres de distance en carré.

Il y aurait un autre moyen pratique pour multiplier les plants qui sont encore très chers et qui ont réellement un grand mérite : pour cela faire, on prend les sarments que l'on veut multiplier, on découpe chaque bourgeon d'un milieu de mérithale à l'autre, et on sème ces bourgeons en ayant soin de mettre les yeux en dessus; il s'agit de les poser avec précaetion et les mettre à 10 centimètres de distance en tout sens, en traitant de la même manière que pour les semis de pépins, entretiens, travaux et arrosages.

Comme il arrive souvent que ces bourgeons poussent plusieurs tiges, il faut laisser la plus belle et supprimer toutes les autres au fur et à mesure qu'elles arrivent, pour garantir et donner toute la force à celle que l'on laisse.

Quand ces semis commencent à avoir une petite longueur, on place un tuteur de chaque côté de rangée, où l'on met deux fils de fer qui servent à attacher les tiges avec du raphia, sans cela les vents en feraient périr les trois quarts ; il faut avoir soin de pincer ces tiges quand elles ont 35 à 40 centimètres, pour aider davantage ces bois à mûrir.

Dans le début, alors que les boutures étaient très chères et même difficile de s'en procurer, plusieurs propriétaires avaient acheté des graines de Riparia, et les ont semées en moyenne. Cela n'a pas mal réussi. On a replanté ces semis sans se préoccuper du sélectionnement, et il se trouve des pieds qui ne se développent que très lentement et qu'on ne peut greffer que 2 ans après les autres ; de là vient l'irrégularité des premières vignes greffées.

Quand on veut replanter du plant de semis, on doit se rendre compte des qualités que l'on possède et cela est très facile à faire, surtout avant la tombée des feuilles, où l'on distingue la grande et la petite feuille pour si peu que l'on ait pratiqué les plants.

On peut facilement reconnaître les Glabres et les Tomenteux : le premier se plaît dans les terres siliceuses, tandis que le second préfère les terres argilo-siliceuses, quoiqu'il se fasse très bien sur la même terre que le Glabre, mais il se développe en bois un peu plus que ce dernier. Tous les deux sont très résistants.

Dans ces mêmes pépinières, il s'en trouve deux autres variétés à petite feuille, dont une a le bois tombant sur le blanc, celui-là est de la famille des Taylor et n'est pas très résistant. L'autre, le bois presque noir, c'est celui qui est très long à se développer et, par ce fait, ne peut suivre le mouvement du greffon qui finit même par l'abandonner. Je conseille de détruire ces deux qualités.

Moyen pratique pour planter les semis.

J'ai eu l'honneur de voir plusieurs vignes faites avec du plant provenant de pépinière de semis ; tous ces plantiers laissent à désirer, tant comme végétation que comme reprise de greffage. On a planté en grande partie ce produit de 5 à 10 centimètres sous terre, c'est-à-dire tel que se reproduit le nœud que forme le pépin en se développant. Ce nœud ne dépasse guère 5 à 7 centimètres, et les racines partent de tout le tour, comme une vraie patte d'asperge.

Quand on a voulu greffer ces pieds, on n'a trouvé que ce peu de bois tout plein de racines, on en a supprimé quelques-unes pour pouvoir fendre ce peu de bois tout tordu qui ne s'est pas fendu droit, et le greffon n'a pu s'ajuster comme il fallait. Cela a occasionné beaucoup de manquants.

Les racines restantes se trouvant tout à fait à la surface du sol, on ne peut même pas les labourer sans en faire disparaître quelques pieds ; les grandes chaleurs à leur tour viennent prendre leur part, vu leur peu de profondeur ; tout cela réuni fait que ces premières vignes, malgré leurs 6 à 8 ans, présentent une irrégularité complète.

En présence de ces insuccès, beaucpup de gens inconscients font retomber la faute sur les Riparias, les déclarant non résistants ; pour mon compte, il m'est très facile de prouver le contraire.

Comment se ferait-il que les plants Riparias ou autres boutures résisteraient et non pas le plant de semis, la faute n'est qu'à l'application.

Pour obtenir une bonne vigne avec du plant provenant de semis, il faut, comme pour les greffés-soudés, pratiquer un trou de 40 à 50 centimètres de profondeur sur une largeur égale; mettre 7 à 8 centimètres de vase ou terreau au fond de ce trou et y placer le barbu, en ayant soin de lui bien étendre ses racines telles qu'elles étaient précédemment, avant de les arracher; on couvre ces racines avec de la terre bien fine jusqu'à la surface, en ayant bien soin de ne laisser qu'une seule tige et un bourgeon hors terre.

A la seconde année, cette tige se trouve assez forte pour pouvoir supporter la greffe, et surtout si on a eu le soin de pincer la pousse quant elle a atteint un développement de 50 centimètres.

Suppression des rejetons.

Sitôt qu'une greffe aura 15 à 20 centimètres de pousse, ne laissez jamais pousser aucun rejeton du porte-greffe, car ce rejeton prendrait toute la sève à lui seul et empêcherait la pousse de continuer de grossir; il faut porter une grande attention à couper ces rejetons pour ne pas déranger cette greffe ni celle qui se trouve à côté.

Pour éviter tout échec de la culture des plants américains, j'engage les propriétaires qui veulent faire de grandes plantations et qui ne connaissent pas les plants américains à faire diviser leur propriété en autant de lots qu'il s'y trouve de natures de terres. Les plants américains étant très capricieux, chaque cépage demande sa nature de sol. Veuillez donc vous adresser à des personnes qui cultivent ces divers plants et qui connaissent la nature de nos terres.

Je me fais un devoir de m'offrir pour ce genre de travail, le pratiquant depuis cinq ans.

Traitement du Mildew

Depuis l'année dernière il s'est fait de grands progrès pour la destruction du Mildiou; on a inventé diverses poudres, dont toutes sont plus ou moins à base de cuivre. Je crois pourtant qu'il est préférable d'employer les liquides à base de cuivre que les poudres, car il sera toujours bien difficile d'établir une poudre quelconque qui soit assez adhérente pour résister à la pluie et au vent, tandis que les solutions liquides, telles qu'on les prépare, soit à l'ammoniaque, soit à la chaux, se colent sur les feuilles et y restent fixées pendant plus d'un mois, sans que rien ne puisse les déranger. Quand on traite préventivement, il faut bien ce petit laps de temps, car il est démontré que le Mildiou n'arrive que par les temps pluvieux et humides, surtout quand il arrive des brouillards à l'époque des chaleurs.

Alors il est utile que les feuilles soient impreignées de ces matières, pour qu'elles aient assez de force pour repousser l'invasion.

J'ai remarqué cette année que plusieurs plants français sont tellement sensibles au Mildiou, qu'ils ne peuvent pas supporter les rigueurs de l'hiver. Aussi, je me trouve avoir des greffes de l'année dernière ayant eu des ceps de deux mètres de long et de un centimètre et demi de force, qui ont totalement gelé. Ce sont principalement, pour les hybrides Bouschet, le *Morastel-Bouschet*, le *Terret-Bouschet* et *l'Aramon-Teinturier-Bouschet* pour les autres natures; le *Cinsaut*, le *Morastel ordinaire*, le *Bordelais* et l'*Œillade de pays*.

Ces sortes de plants dénommés ci-dessus auraient besoin d'un traitement de la feuille, au moins trois fois, dont le premier fin mai, le deuxième fin juin et le troisième fin juillet, et de ne leur pas négliger une butte à l'entrée de l'hiver. Cette butte doit être renouvelée pendant deux ans, jusqu'au troisième bourgeon. De cette manière, ces pieds seront à l'abri de toutes les intempéries, qui leur sont bien sensibles, ce qui fait souvent dire à des gens peu scrupuleux, que ces pieds sont morts du phylloxéra.

J'ai trouvé aussi quelques greffes de trois ans dont les greffons s'étaient affranchis dès la première année et qui aujourd'hui végètent mal et que je serais obligé de remplacer. Aussi, je vous le répète, au mois d'août ou septembre, supprimez toutes les racines du greffon pendant deux ans.

Anthracnose.

L'Anthracnose est une maladie dont beaucoup de cépages américains et franco-américains sont atteints et qui finissent par périr. Je crois qu'en traitant bien la maladie de la feuille et surtout en ajoutant du sulfate de fer dans les préparatifs que l'on fait, on pourra facilement se rendre maître de cette maladie.

Voici comment se présentent les taches d'Anthracnose : Elles se présentent sous deux formes : l'une qui forme une plaie sur le cep et l'autre qui ne laisse que des petits points noirs que l'on dirait faits avec une grosse pointe. La première est celle qui porte le plus de préjudice à la plante, en ce sens qu'il s'étend sur le cep comme un cancer et finit par tourner le cep complètement, paralyse le mouvement de la sève et empêche le bois de mûrir, ce qui fait que les rigueurs de l'hiver le tue complètement ; aussi il arrive souvent que sur une souche de six à sept têtes, on en trouve une ou deux mortes, quand les autres encore sont en très bonne santé. Tout cela provient en partie de l'Anthracnose.

Celle qui se présente pointillée n'est pas si dangereuse que la première, néanmoins elle contribue beaucoup à la coulure; un mélange de sulfate de chaux et de sulfate de fer bien dissous devrait enrayer le mal sinon le guérir.

Erineum et Mildiou

Un certain nombre de propriétaires confondent le Mildiou avec l'Erineum, qui diffèrent pourtant beaucoup l'un de l'autre.

Cette maladie consiste en de petites boursoufflures occasionnées par la piqûre de quelque insecte, faite sous la feuille et dont le venin oblige la feuille à resserrer ses nervures, et en se rétrécissant cela forme une bosserelle sur le dessus de la feuille en forme de verrue.

Cette maladie ne porte pas beaucoup de préjudice à la vigne tandis que le Mildiou finit par tuer la souche. Cette maladie présente tout le contraire de la précédente : au lieu d'établir des renflements, elle est tellément rongée par ce champignon qu'il ne reste absolument que les nervures représentant une toile d'araignée; la charpente de la feuille étant atteinte, elle meurt et sitôt que les feuilles tombent, la plante ne prenant plus de vie de l'extérieur mûrit incomplètement et finit par abandonner les raisins tout en réservant au vin mauvais goût que lui laisse ce cryptogame.

Il a été reconnu que la plante vit autant de ses feuilles que des racines.

Maladie dite : le Pourridié

Cette maladie, que nous avons peu chez nous, est causée en partie par les excès d'humidité qui se trouvent à peu de distance du niveau du sol; on trouve aussi du Pourridié dans les plantations faites sur des défrichements récents de forêts; l'excédent d'humidité qu'ont produit les couches continuelles des feuilles déterminent facilement le Pourridié aux jeunes racines.

Cette forme de maladie se présente de la même sorte que le Phylloxéra, il se forme des taches qui vont toujours en grandissant, les feuilles jaunissent en juin et meurent quelquefois complètement la même année.

On trouve même des pieds qui meurent en quinze jours portant une belle charge de fruits. Il est facile de s'en rendre compte en arrachant une de ces souches mortes, lesquelles opposent bien moins de résistance que celles phylloxérées en ce sens que toutes les racines tant grosses que petites sont complètement mortes; sitôt arrachées, on sent le moisi a plein nez.

Il existe sur les racines des filaments grisâtres tombant sur le blanc, c'est ce qui communique le Pourridié. Si on tord ces racines, elles coulent de l'eau corrompue. J'ai pu m'en rendre compte moi-même chez M. le baron de Rivières, qui a planté, il y a six ans, du Jacquez sur un défrichement de bois et assez aqueux; une partie de ce plantier est mort. Le régisseur ne sachant à quoi attribuer ce dépérissement finissait par croire que c'était le phylloxéra, et tous les propriétaires qui ont visité ce plantier ont été du même avis. A mon tour, à première vue, j'en faisais de même; j'ai eu la précaution d'arracher quelques pieds, qui commençaient à dépérir, en présence du régisseur et lui ai démontré facilement que ce plantier ne mourrait que du Pourridié, car en tordant les racines, l'eau en sortait comme d'une éponge mouillée. Dans ces sortes de terrain, il n'y a absolument que le Solonis qui s'y fait bien.

On peut combattre le Pourridié en établissant des grands drainages de un mètre de profondeur partant au-delà de la vigne, ce qui permet que l'eau n'y séjourne plus jusqu'à cette profondeur.

Il existe aussi une autre maladie végétale que l'on nomme le Black-Rot; ne m'étant pas pu rendre compte sur l'état de ce cryptogame, je me prononcerai plus tard.

La Chlorose

La Chlorose est une maladie qui existe depuis fort longtemps, mais qui ne portait pas un grand préjudice à nos anciennes vignes; il n'en sera malheureusement pas ainsi pour les vignes américaines ou tout plant mal adapté périra par la Chlorose.

Tout plant qui produira abondamment et qu'on ne soulagera pas par de fortes fumures périra aussi par la Chlorose.

Cette maladie se présente par le jaunissement des feuilles; la vigne peut durer 3 à 4 ans dans cette situation, mais elle ne produit rien. Quelques propriétaires ont essayé de la combattre avec du sulfate de fer; les uns ont réussi et d'autres n'ont rien obtenu. Il sera utile de faire d'autres expériences.

La Pyrale

La Pyrale porte chez nous d'énormes préjudices et surtout l'année dernière. C'est une petite chenille de un centimètre de long, qui se loge en partie dans le raisin, au moment où celui-ci commence à fleurir. On en trouve quelquefois jusqu'à 5 ou 6 dans plusieurs grappes, pour se mettre à l'abri de tout ennemi; elle se crée dans le centre des raisins une espèce de petit cocon dans lequel elle enlace un grand nombre de petits grains, dont elle se nourrit; elle possède un venin si violent, que tous les raisins qui en sont atteints ne peuvent pas développer leurs fleurs et en meurent. Elle nous a enlevé l'année dernière sur plusieurs plants la moitié de la récolte; cet insecte existe chez nous depuis huit ans.

Il y a quatre ans que je les fais détruire en épamprant; les personnes qui le font portent une paire de ciseaux bien pointus et coupent au milieu le cocon qui est très facile à voir, vu qu'il est à cette époque comme une noisette; c'est le seul moyen de le détruire.

Dans le Midi, on a essayé de passer les souches à l'eau bouillante en février, on n'a réussi que sur celles qui se trouvaient près de la chaudière. En transportant l'eau à diverses distances, l'eau perdait quelque degré de chaleur et n'échaudait pas suffisamment.

Le Cochylis

Le Cochylis est un insecte dans le genre de la

Pyrale ; il n'est pas si dangereux, mais il est beaucoup plus difficile à détruire.

Cette chenille, qui est un peu plus grosse que la Pyrale, se loge dans le raisin au moment de sa véraison, perce les grains pour en prendre le jus et finit même par détruire la grappe en entier. Il y a trois ans que nous en avons dans notre arrondissement et dans le Midi, il existe depuis sept à huit ans, où, dès le début on la nommait la grosse Pyrale.

Comme cet insecte hiverne sous les écorces de la souche, on la détruit avec le soufre. On fait une sorte de comporton en zinc ou en bois qui puisse couvrir toute la souche, on y brûle 2 ou 3 mèches soufrées pendant 10 minutes et cela suffit pour asphyxier le Cochylis et une foule d'autres insectes, mais c'est tellement long à pratiquer qu'on ne traite que les vignes les plus attaquées.

L'Altise

L'Altise n'est pas de la même famille que les précédents, mais il est aussi dangereux si ce n'est pas davantage. Petit insecte de la grosseur d'une mouche, d'une agilité extraornînaire, elle saute autant que la puce, possède deux ailes en forme de cuirasse et ne s'envole que quand elle est trop persécutée; sa couleur très vive d'un vert bleuâtre passe au pourpre.

Il y a environ 12 à 14 ans, nous en eûmes des quantités et surtout dans la commune de Brens, qui détruisirent les trois quarts de la récolte; elles ne restèrent que deux ou trois ans, depuis lors on n'en a presque plus revu.

Cet insecte arrivait à l'éclosion du bourgeon et mangeait toutes les feuilles à fur et à mesure qu'elles se développaient, et finissait même par couper les raisins ainsi que les pousses.

Pour la destruction de l'Altise, on se sert d'un grand entonnoir goudronné que l'on place en dessous de la souche et en secouant brusquement le pied, toutes celles qui tombent dans l'entonnoir s'engluent et s'asphyxient.

Il paraît qu'en Espagne et en Algérie, il y en a des quantités ; pour les détruire, on a essayé de lâcher des quantités de poules, canards et dindons, qui leur font une chasse continuelle et finissent par en détruire une grande partie.

La Noctuelle ou Nocturne.

Nous avons eu aussi, il y a environ 15 ans, une grosse chenille grise de 3 à 5 centimètres de long, qu'on appelle, dans le Midi, la Noctuelle, chenille qui ne sort que la nuit.

Cet insecte ne resta que 2 ans et habitait principalement les côteaux dans nos vignes blanches ; on le trouvait, le jour, blotti sous la souche, entre deux terres, c'est-à-dire à deux ou trois centimètres sous terre. La meilleure manière de le détruire, c'est de prendre une lumière quelconque et pénétrer dans la vigne à onze heures de la nuit, toutes les chenilles sont montées sur les souches. Avec une paire de ciseaux on le coupe en deux, c'est le moyen le plus simple et le plus pratique. J'ai agi ainsi, à cette époque, et m'en suis bien trouvé ; il y en avait tellement que, vers minuit, on les entendait manger comme des vers-à-soie ; il n'était pas difficile d'en tuer 10 à 20 sur chaque souche ; elles nous portèrent un préjudice énorme. Depuis lors, on n'en a presque plus revu.

Le Gribourý.

Cet insecte, surnommé l'écrivain, nous ne nous en somme presque pas aperçus dans notre région, mais le Midi en possède beaucoup et il fait assez de ravage. On le chasse comme l'Altise, au moyen de l'entonnoir goudronné.

Inutile de vous parler du phylloxéra : Des personnes plus compétentes que moi en ont donné la description complète. Malheureusement, on n'a pu encore découvrir le remède pratique et infaillible.

Quant à l'oïdium, c'est un parasite végétal dans le genre du Péronospora ou Mildiou, que nous combattons facilement avec le soufre. Nous possédons cette maladie depuis 1852, il y a 35 ans.

Traitement du Péronospora.

Je me sens très heureux de pouvoir vous annoncer que le succès obtenu sur la maladie des feuilles est complet. Je voudrais pouvoir en dire autant sur le compte du phylloxéra.

Pour combattre le péronospora, trois procédés composés de matières différentes sont rentrés en ligne. Ce sont :

1° La Bouillie bordelaise ;
2° L'Eau céleste ;
3° Le Soufre précipité.

Bouillie Bordelaise.

La Bouillie bordelaise se compose de 8 kilog. de sulfate de cuivre, 12 kilog. de chaux grasse et 130 litres d'eau. Pour préparer ce liquide, on fait fuser les 12 kilogr. de chaux avec 15 litres d'eau, puis on fait fondre les 8 kilogr. de sulfate de cuivre avec autres 15 litres d'eau. On délaye la poudre de chaux avec autres 100 litres d'eau. Une fois ce délayage bien fait, on y ajoute la dissolution du sulfate de cuivre, on brasse le tout ensemble pendant 10 à 15 minutes, et la Bouillie est prête.

Comme ce mélange dépose facilement, il faut avoir soin de bien l'agiter en l'employant.

Le prix de revient par hectare est de 20 francs, non compris la main-d'œuvre.

Eau Céleste

Ce liquide consiste à additionner 98 litres d'eau avec 1 litre d'ammoniaque et 1 kilogr. de sulfate de cuivre. On commence par délayer le litre d'ammoniaque dans 2 litres d'eau, puis on fait dissoudre le kilogr. de sulfate de cuivre dans 2 litres d'eau. Une fois le tout bien dissous, on mélange l'ensemble avec 88 litres d'eau restante, en ayant soin de bien agiter une fois mélangé. Cette partie est plus facile à faire que la précédente et coûte bien moins. Les résultats obtenus ont été complets.

Le prix de revient par hectare est de 5 francs, non compris la main-d'œuvre.

Soufre précipité.

Ce troisième procédé se compose de 6 kilogr. de sulfate de cuivre, de 15 kilogr. de sulfate de fer trituré très finement, plus 30 kilogr. de sulfate de chaux et le restant en soufre précipité. On passe le tout dans un tamis très fin. Cette poudre ainsi composée combat avantageusement l'Oïdium, l'Anthracnose et le Péronospora ou maladie des feuilles. Pour obtenir les résultats complets de ces trois maladies, il faut faire quatre soufraisons : les deux premières, en mai et juin pour l'Oïdium ; la troisième, du 10 au 15 juillet pour l'Anthracnose, et la quatrième du 20 juillet au 10 août, pour la chute des feuilles.

J'ai fait moi-même ces expériences sur mes pieds de Jacquez. J'ai obtenu un très bon résultat.

En présence de ces trois remèdes si efficaces, nous n'avons plus à nous préoccuper si tel plant ou tel autre est plus ou moins sensible au péronospora. Ce qui doit le plus nous intéresser, c'est de planter et greffer les plants qui donnent le plus et qui font le meilleur vin.

Détail des nouvelles formules pour combattre la maladie de la feuille.

M. Millardet préconisait l'année dernière 8 kilog. de sulfate de cuivre et 15 kilog. chaux pour 100 litres d'eau, aujourd'hui ce n'est que 5 kilog. sulfate avec 3 kilog. chaux grasse ; il engage même à essayer 2 kil. sulfate avec un kilog. chaux, et un troisième qui consiste à 2 kilog. sulfate avec 5 à 600 grammes chaux.

M. Millardet recommande de ne jamais faire dissoudre le sulfate et la chaux ensemble.

Eau céleste.

M. Audoynaud, professeur à l'Ecole de Montpellier, prône sa formule qui consiste en un kilog. sulfate de cuivre et 1 kilog. 500 ammoniaque pour 100 litres d'eau; quelques propriétaires ont fait avec cette dose 150 litres.

Ammoniure de cuivre.

M. Bellot des Minières, propriétaire dans la Gironde, a essayé avec succès un nouveau procédé ainsi conçu ; il faut 1 kilog. de tournure de cuivre, c'est-à-dire des copeaux ou limure de cuivre rouge, que l'on fait dissoudre avec 5 kilogr. ammoniaque à 22 degrés. Comme c'est un peu long à dissoudre, on établit un agitateur dans un seau que l'on met en mouvement jusqu'à parfaite dissolution; une fois complètement dissous, on peut le mélanger à 100 litres ammoniaque.

Ce mélange bien fini, on prend 8 kilogr. de ce liquide pour une bordelaise d'eau, avoir soin de verser ces 8 kilogr. quand la bordelaise est à moitié et secouer vivement l'ensemble pour que le mélange s'opère bien, car l'ammoniaque étant plus légère que l'eau, tend toujours à monter; la difficulté de préparer cette formule fait qu'elle ne se pratique guère quoique reconnue très bonne.

M. Emile Masson, professeur d'agriculture à Beaune, donne une autre formule que voici : Mettre 1 kilog. de sulfate de cuivre et 2 kilog. carbonate de soude avec 100 litres d'eau.

Enfin, arrive la formule bourguignonne qui est la plus facile et la meilleur marché; elle consiste tout simplement à faire dissoudre 500 grammes de sulfate de cuivre et les mélanger à 100 litres d'eau; il faut 6 à 700 litres par hectare.

Il existe beaucoup d'autres formules qu'on ne peut pas énumérer, car elles sont toutes à l'étude. Je vous en ferai part sitôt les résultats connus.

Résultat des vignes américaines et franco-américaines dans l'arrondissement de Gaillac (Tarn).

Après avoir visité les vignes américaines qui se trouvent dans notre région, j'ai pu constater de très beaux résultats. Les greffes de 1 à 4 ans sur Riparia et Jacquez étaient chargées de fruits. J'ai remarqué entre autres quelques pieds d'Alicante-Henri-Bouschet qui, pour leur seconde année de greffage, portaient 12 à 15 raisins, variant de 500 grammes à 1 kilog, 200.

Le Petit-Bouschet était aussi très chargé, mais les raisins étaient moins gros. Il y avait aussi des Grands-Noirs de la Calmette dont la production approchait celle de l'Alicante-Henri, et les raisins étaient aussi gros. Il y en avait qui pesaient jusqu'à 1 kilog. 300 grammes.

Il y avait en outre des Portugais-Bleu complètement mûrs au 20 août. J'ai vu encore du Gamay de Bouge, du Canada et du Brant qui pouvaient se vendanger fin août. Le Jacquez et l'Othello étaient moins mûrs que les précédents; ils étaient en pleine véraison. Enfin, l'ensemble était magnifique et présentait une belle et précoce maturité.

Aujourd'hui, 5 octobre, j'ai eu l'occasion d'apprécier la qualité des vins de ces divers cépages, dont voici le classement :

1° Jacquez, 12 degrés 1/2, cinq couleurs;

2° Portugais-Bleu, 11 degrés, trois couleurs;

3° Othello, 10 degrés 3/4, trois couleurs;

4° Alicante-Henri-Bouschet, 10 degrés 1/2, quatre couleurs;

5° Brant et Gamay, 10 degrés trois couleurs;

6° Grand-Noir, 9 degrés 1/2, trois couleurs;

7° Canada, 9 degrés 1/2, deux couleurs;

8° Petit-Bouschet, 7 degrés, trois couleurs.

Classement par ordre de production.

1° Alicante-Henri, 50 pieds ont produit......	150 lit.
2° Grand-Noir, 50 pieds ont produit.........	120 »
3° Petit-Bouschet, 50 pieds ont produit......	115 »

4° Othello, 50 pieds ont produit............ 90 »
5° Jacquez, 50 pieds ont produit............ 85 »
6° Portugais-Bleu, 50 pieds ont produit...... 75 »
7° Brant et Canada, 50 pieds ont produit..... 70 »
8° Gamay de Bouge, 50 pieds ont produit.... 68 »

Voici comment j'ai pu classer les divers porte-greffes :

Dans notre plaine, qui se compose en partie d'alluvion, de silices et quelque peu d'argilo-siliceux, les premiers sont le Riparia, le deuxième le Jacquez, 3° l'Herbemont, 4° le Vialla, 5° le Cynthiana, 6° le Rupestris, 7° l'York-Madeira.

Dans nos coteaux, qui se composent en partie de l'argile pure, des argilo-calcaires et du calcaire pur, le premier est le Jacquez, 2° le Solonis, 3° le Vialla, 4° l'York-Madeira, 5° le Rupestris, 6° le Cynthiana.

L'année prochaine, à pareille époque, je vous ferai un compte-rendu des nouvelles variétés que je possède, ainsi que de celles que je viens d'énumérer.

Manière d'assurer aux greffes une longue durée.

Pour que les plants greffés soient de longue durée, il faut que chaque nature de plant français soit placée sur le porte-greffe américain qui lui convient.

D'après mes expériences, j'ai reconnu que pour le Riparia il faut choisir des plants qui ne se développent pas trop vite en bois, parce que le Riparia étant long à grossir, il ne peut pas supporter les greffons à gros bois.

Voici la liste des plants qui se greffent bien sur Riparia.

Le Chasselas et le Mauzac pour le blanc.

Le Négret, le Duras, l'Œillade, le Prunelard bordelais, le Milgranet, le Petit-Bouschet, l'Alicante-Bouschet et le Portugais-Bleu pour le noir.

Ceux qui se greffent bien sur Jacquez sont le Braucol, le Prunelard muscat ou Cot à queue rouge, le Morastel, l'Aramon, le Carignane, le Valdiguier et les hybrides Bouschet sans distinction pour le noir.

L'Augevin, la Blanquette de Limoux et le Loin-de-l'Œil pour les blancs.

Le Vialla et le Noah portent aussi assez bien les greffons des cépages que je désigne pour le Jacquez, mais ils sont moins usités. Quant au Rupestris et au York-Madeira, ces plants étant longs à se développer, vu qu'ils se placent en partie sur des terrains secs et caillouteux, on ne doit y greffer que du Négret en rouge ou du Mauzac en blanc.

Pour le Solonis, qui se fait dans les terrains humides, on peut y greffer les mêmes plants que sur le Riparia.

Si dans le Midi certaines greffes ont dépéri, ce sont des Riparia sur lesquels on avait greffé des Aramons et Carignanes. Ces plants grossissant deux fois plus que le Riparia, il est arrivé qu'au bout de 4 à 5 ans de greffe, ces sujets avaient 7 à 8 centimètres de diamètre, tandis que le Riparia n'en avait que 3 à 4. Il se formait alors un énorme bourrelet qui finissait par épuiser le porte-greffe, le rendait anémique, et la greffe ne produisait plus. Les Jacquez, Vialla et Noah se développent dans les mêmes conditions que les plants français à grand bois et ne se laissent jamais dépasser en grosseur. Aussi point de bourrelet sur ces greffes. La soudure est souvent difficile à retrouver. On ne voit jamais de ces greffes se chloroser. Il en est de même pour le Solonis, le Rupestris et l'York-Madeira.

Je le répète encore une troisième fois, ne mettez jamais du Riparia sur l'argile ni sur calcaire, ni sur des terres trop humides, de quelle nature qu'elles soient, tous les plants américains craignant l'humidité, sauf le Solonis. C'est le seul qui vient bien dans les terres humides, tuffeuses et crayeuses.

TABLE DES MATIÈRES

www.ingramcontent.com/pod-product-compliance
Ingram Content Group UK Ltd.
Pitfield, Milton Keynes, MK11 3LW, UK
UKHW020342250726
13967UKWH00005B/2070

9 782011 288622